DE LA COMPOSITION

DES

PAYSAGES.

DE LA COMPOSITION

DES

PAYSAGES,

SUR LE TERRAIN,

OU

DES MOYENS D'EMBELLIR LA NATURE

AUTOUR DES HABITATIONS,

EN Y JOIGNANT L'AGRÉABLE A L'UTILE;

Suivie de réflexions sur les avantages de la contiguïté des possessions rurales, et d'une distribution plus générale en petites cultures, pour faciliter la subsistance du peuple, et prévenir les effets funestes du monopole;

Par RENÉ GÉRARDIN Père,

Propriétaire à Ermenonville.

A happi rural seat of different views.
Un séjour heureux et champêtre, d'un aspect varié.
Milton, *descript. du paradis terrestre.*

QUATRIÈME ÉDITION, REVUE ET CORRIGÉE.

A PARIS,

Chez DEBRAY, Libraire, rue St.-Honoré, vis-à-vis celle du Coq.

AN XIII — 1805.

AVIS

DE L'ÉDITEUR.

Ces feuilles étoient imprimées dès le commencement de l'année 1775; elles alloient paroître, lorsque les circonstances en suspendirent alors la publication. Plusieurs ouvrages ont paru depuis sur plusieurs sortes de *Jardins*; mais ici on traite principalement des *Campagnes*, de leur embellissement, de leur culture, et de leur subsistance; et si l'on se détermine à réimprimer aujourd'hui ces mêmes feuilles, c'est que le plus beau spectacle de la nature seroit sans doute celui de campagnes heureuses.

Les discours sont épuisés, l'esprit est devenu moins rare que le sens commun ; il n'y a plus que la *nouveauté* qui puisse frapper les hommes. Le moment où, à force de s'en écarter, ce qu'il y a de plus nouveau pour eux, C'EST LA NATURE, est le moment de les y ramener, en les conduisant à en connoître et à en sentir tous les charmes. Puissent le temps et des mains plus habiles achever ce que l'auteur n'aura fait ici qu'é-baucher !

A MESSIEURS

DE L'ACADÉMIE

D'ARCHITECTURE.

Messieurs,

A qui pourrois-je mieux offrir un ouvrage, dont le but est de disposer tous les objets sur les meilleurs plans, qu'à ceux sans l'art desquels toutes les imaginations ne seroient que des projets, et les images que des fictions ?

Déjà, Messieurs, je vois s'ouvrir devant vous une carrière bien plus étendue. Vous captiviez la nature, vous dirigerez sa liberté : par là vous saurez rassembler tout ce qui peut plaire à l'œil, et parler au cœur. Dès que le génie de la composition et le sentiment de l'effet constitueront l'architecte, tous les charmes de la nature, ainsi que les chefs-d'œuvre des arts, seront rangés sous vos lois. Heureux, si, par ce foible essai, qu'il vous appartient de perfectionner, je peux contribuer à ce que l'homme, qui vous doit déjà ses plus superbes demeures, vous doive encore ses plus vrais plaisirs, lorsque vous saurez créer pour lui tous les effets et les sentimens doux et *paisibles de la* morale sensitive ; *car l'on a pu remarquer que, dans les beaux paysages (qui veut dire originairement pays des sages), les hommes y sont génélement plus forts et meilleurs.*

Mais, permettez-moi de vous le dire : Une classe d'architecture pittoresque est un établissement qui, jusqu'à présent, a manqué partout au perfectionnement de votre art. C'est pourtant le seul moyen de donner à toutes les constructions quelconques, depuis celles des édifices publics et des palais jusqu'à celles des villages et des chaumières, le caractère et l'effet convenables à leur destination,

à leur emplacement et à leurs en-
tours. C'est à la faveur d'un tel
établissement, que l'on pourroit
faire arrêter des plans généraux
bien composés, tant pour la capitale que pour toutes les grandes villes de l'empire, et même
pour les bourgs et villages que
l'on voudroit faire bâtir. C'est
ainsi qu'en suivant toujours pied
à pied ces plans arrêtés, toutes
les fois qu'il s'agiroit de chan-
gemens ou d'embellissemens successifs, l'on parviendroit enfin,
avec certitude de ce que l'on feroit et de ce qui resteroit à faire,
à imprimer, avec le temps, à tout
un pays un caractère de grandeur, d'ensemble, de bon goût et

d'agrémens dans tous les détails, qui feroit le charme de ses habitans et l'attrait des étrangers.

C'est ce génie de prévoyance de perfection dans l'avenir, qui fit que Michel-Ange, architecte et peintre, sentant que le cours de sa vie ne pourroit pas suffire à parfaire la superbe basilique de St.-Pierre de Rome, en fit du moins de son vivant élever tous les fondemens au-dessus de terre, afin que l'on ne pût altérer l'ensemble et les proportions de son plan.

Il me semble donc, Messieurs, que votre Académie devroit être composée de quatre classes : une

de mécanique, une d'hydrauli-
que, une de construction, dans
toutes les formes imaginables,
et une d'architecture pittoresque.

J'espère, Messieurs, que vous
voudrez bien regarder ces idées,
que je ne fais que vous soumet-
tre, comme l'effet de mes vœux
pour la perfection d'un art aussi
important que le vôtre, et de ma
considération distinguée pour
ceux qui le professent.

INTRODUCTION.

UN jardin fut le premier bien-fait de la Divinité, le premier séjour de l'homme heureux; cette idée, consacrée depuis chez tous les peuples, fut l'inspiration même de la nature, qui indique à l'homme le plaisir de cultiver son jardin, comme le moyen le plus sûr de prévenir les maux de l'âme et du corps. Si je puis, à mon tour, indiquer quelques moyens de joindre à cet exercice salu-taire un intérêt de composition qui puisse occuper l'esprit et l'i-magination, peut-être aurai-je rendu quelque léger service à mes semblables , surtout lorsqu'il est devenu si difficile, dans l'âge de raison, de trouver quelque chose de mieux à faire que de cultiver son jardin.

Chez les peuples anciens où l'architecture étoit dans toute sa gloire , lorsque les palais et les temples , répandus jusque dans les campagnes, imprimoient sur tout leur pays un caractère de majesté, nous ne voyons pas qu'ils aient jamais cherché à rendre leurs jardins remarquables, autrement que par la grandeur et la prodigalité de la dépense. Les délicieux asiles de la nature y furent méconnus; l'art fut déployé partout avec ostentation, et l'étalage de la magnificence fut seul en droit de leur plaire ; tant la vanité aveugla de tous les temps les hommes sur leurs vrais plaisirs, comme le préjugé sur leurs vrais intérêts !

Le fameux *Le Nostre*, qui fleurissoit au dernier siècle, acheva de massacrer la nature en assujétissant tout à la règle et à l'équerre du maître maçon (*).

(*) Puisqu'on m'a reproché d'avoir dit, au sujet de Le Nostre, *qu'il avoit massacré la nature*, je dois justifier ici cette expression, quoi qu'il eût été facile à tout le monde de sentir qu'elle ne portoit pas individuellement sur Le Nostre, mais uniquement sur son art prétendu. L'on m'opposa, pour lors, le jardin des Tuileries, comme le chef-d'œuvre de cet art. Pour en bien juger, voyons d'abord ce que la nature et la convenan-

D'après ce système de clôture rectiligne, de platitude et de mo-

---

ce offroient à cet emplacement : elles présentoient, au midi, l'aspect d'un fleuve, dont le cours majestueux s'étendant sur de riches lointains, donnoit tout naturellement au palais et aux jardins la vue du plus superbe canal bordé de beaux édifices, sans cesse animé par la navigation, et dont la rive, du côté du jardin, pouvoit former la promenade la plus intéressante et la plus récréative ; à l'ouest, la vue se seroit étendue sur une belle place publique, pour l'entrée et la communication de la ville, et terminée par un beau pont tel qu'il existe aujourd'hui.

Ensuite de cette place, il se présentoit tout naturellement à l'idée d'élever successivement dans les Champs-Élysées, que leur nom sembloit y consacrer, des monumens à la mémoire de tous les grands hommes de la nation, en disposant sur les deux côtés du jardin toutes les plantations sur de beaux plans de perspective, et dans les Champs-Élysées, deux grandes routes de gravier, aboutissant aux deux côtés de la place ; il s'ou-

notonie que des gens, dont les opi-
nions ne sont que des échos de

vroit alors une vaste découverte pour le palais,
sur un tapis de verdure couvert de bestiaux des
plus belles espèces, et dont l'aspect eût été ter-
miné par un beau monument sur la hauteur de
l'Étoile.

Dans les fossés, séparans le jardin de la place
publique, l'on auroit pu facilement faire entrer
l'eau de la rivière, pour y tenir de beaux oiseaux
aquatiques, et des poissons de couleur.

A la partie latérale du jardin, du côté de la
ville, l'on auroit pu construire une colonnade, ou
des arcades, formant une galerie couverte, pour
abriter de l'orage les promeneurs; dans le mur
du fond de cette galerie, des niches, bien disposées à cet effet, auroient offert d'une manière
commode à l'examen des observateurs les plus
belles statues de marbre blanc, que les injures de
l'air dégradent toujours en peu de temps dans les
jardins. En sortant des deux côtés de la terrasse
du palais, l'on eût ainsi trouvé couvert, ombrages et promenades qui, du côté du jardin, eus-

ouï - dire, ont niaisement qualifié du beau nom d'art, il ne falloit

---

sent pu conduire jusqu'au bois de Boulogne, en jouissant de toutes les variétés dont cette composition eût été susceptible.

Enfin, du côté de la face orientale du château, d'autres promenades pouvoient former un amphithéâtre en forme de cirque autour du Carrousel, qui ne conserve plus aujourd'hui qu'un vain nom de ces nobles exercices de nos ancêtres, qui les rendoient aussi dispos que vaillans, et qui du moins auroit pu servir encore, de nos jours, aux exercices militaires, et à ceux de la jeunesse.

La galerie du Louvre, et sa correspondante, commencée du côté de la rue St.-Honoré, auroient pu donner place, dans la distribution de leurs rez-de-chaussées à des serres, orangeries, et à de jolies boutiques; et, sous des arcades ouvertes du côté de la rivière et de la rue St.-Honoré, une communication abritée avec le Louvre, le château des Tuileries et ses jardins.

Le premier de ces galeries auroit servi pour bibliothéque, galeries de tableaux; et une terrasse pourtant pas d'autre esprit que celui de tirer des lignes et d'étendre

---

de ce côté, ainsi que celle du côté du jardin, eussent été bordées de deux rangs de beaux orangers, dont les serres se seroient trouvées tout à portée.

Au bout de ce superbe Carrousel, réunion des exercices, des arts, et des produits les plus intéressans de l'industrie nationale, l'on devoit, en avant de la façade du Louvre, qui n'a de ce côté que des pierres d'attente, construire en avant la salle du plus grand spectacle de la capitale, avec une magnifique façade, décorée de trois frontons et d'un large péristyle en colonnades.

La vaste cour du Louvre y serviroit de place d'attente pour les voitures, et les galeries en arcades, de débouchés de tous les côtés pour les gens de pied.

Au lieu de ce plan si convenable, et que la nature et la destination de cet emplacement sembloient dicter pour donner à l'une des premières villes du monde une décoration aussi grande dans son ensemble, qu'intéressante dans les détails, qu'à fait Le Nostre?

le long d'une règle celles des croisées du bâtiment. Aussitôt la plan-

---

C'est sur le bord même de la Seine, qu'il a pri-
vé le jardin de sa vue, et la sortie du palais d'ombrages; il semble qu'il n'ait fait construire, à
grands frais, d'énormes terrasses de tous les côtés
du jardin, que pour y renfermer les promeneurs
comme dans un cloître, et obstruer toute la vue
de la façade du palais.

Quoiqu'on en puisse dire, les beaux-arts et le
bon goût ne peuvent consister que dans le sentiment et l'observation de la nature, et dans un
bon choix de ses convenances, suivant les loca-
lités, les destinations, et les points de vue.

En prenant la ligne droite pour base de son
art, le constructeur de bâtimens y trouve, il est
vrai, dans l'équerre, l'aplomb et la ligne droite
perpendiculaire et de niveau, le principe de la
construction, parce que la ligne droite est celle
de l'immobilité.

Mais l'architecte compositeur doit travailler
pour le mouvement des yeux, et même de l'âme;
or, lorsqu'il veut (qu'on me permette cette ex-

tation suivit le cordeau de la froide symétrie ; le terrain fut aplati à grands frais par le niveau de la monotone planimétrie ; les arbres furent mutilés de toute manière ; les eaux furent enfermées entre quatre murailles ; la vue fut emprisonnée par de tristes massifs ; et l'aspect de la maison fut circonscrit dans un plat parterre, découpé comme un échiquier , où le bariolage de sables de toutes couleurs ne faisoit qu'éblouir et fatiguer les yeux : aussi la porte

pression) tout *immobiliser* sur la ligne droite , et tout borner par des angles, il agit évidemment contre la nature du mouvement, de la vue, de la promenade, et contre toutes les variétés pittoresques que peuvent offrir les différens sités.

la plus voisine, pour sortir de ce triste lieu, fut-elle bientôt le chemin le plus fréquenté.

On n'avoit point un parc pour s'y promener, et l'on s'entouroit à grands frais d'une enceinte d'ennui; on se séparoit, par un obstacle intermédiaire, de la campagne, tandis que, par un instinct secret, on s'empressoit d'aller la chercher, quelque brute qu'elle pût être, de préférence à toutes les allées bien droites, bien ratissées, et bien ennuyeuses.

Parmi tous les arts libéraux qui ont fleuri avec tant d'éclat à différentes époques; tandis que les poëtes de tous les âges, que les peintres de tous les siècles repré-

sentoient les beautés et la simplicité de la nature dans les peintures les plus intéressantes, il est
bien surprenant que quelqu'homme de bon sens (car c'est du bon
sens que le goût dépend) n'ait pas
cherché à réaliser ces descriptions et ces tableaux enchanteurs,
dont tout le monde avoit sans
cesse le modèle sous les yeux, et
le sentiment dans le cœur. Il est
bien étonnant qu'on n'ait pas vu
se former l'art d'embellir le pays
autour de son habitation, en un
mot, de développer, de conserver, ou d'imiter la belle nature. Cet
art peut néanmoins devenir un des
plus intéressans; il est à la poésie et
à la peinture, ce que la réalité est

à la description, et l'original à la copie.

Un tel art ne doit-il donc pas être un amusement recommandable? Ses compositions occupent l'esprit; son effet doit, en charmant l'œil, répandre la sérénité dans l'âme; et partout où ce genre sera introduit, la nature doit sourire avec toutes les grâces de son élégante simplicité, paroître toujours piquante par ses variétés infinies, et déployer partout des charmes, dont tout être sensible ne se rassasiera jamais; car le principal agrément de ce genre de compositions, c'est de pouvoir successivement les perfectionner de plus en plus, soit

en imagination, soit en réalité ;
c'est, pour ainsi dire, une idée
sensible de la création et de l'infini, qui peut faire sentir à l'homme qui *pense* la dignité de son
origine, de son être et de ses facultés.

D'après quelques expériences,
et surtout, d'après mes fautes,
je vais tâcher d'indiquer ici quelques moyens, pour éviter les principales erreurs, dans lesquelles
l'inexpérience, le défaut de com-
paraison, et celui de principes,
pourraient facilement entraîner.

DES PAYSAGES,

OU

DE LA NATURE CHOISIE.

CHAPITRE PREMIER,

Dans lequel on tâchera de fixer enfin les idées entre un Jardin, un Pays et un Paysage.

IL est impossible de s'entendre sur ce qu'on veut faire, si l'on ne commence, avant tout, par s'entendre sur ce qu'on veut dire. Depuis un temps on a beaucoup parlé de jardins; mais, dans le sens ordinaire, le mot jardin présente d'abord l'idée d'un terrain enclos, aligné, ou contourné d'une manière ou d'une autre. Or, ce n'est point là du tout le mot du genre que j'entreprends de présenter, puisque la condition expresse de ce genre est précisément qu'il ne paroisse ni clôture, ni jardin ; car tout arrangement affecté ne peut produire que l'effet d'un plan géométrique, d'un plateau de dessert, ou d'une feuille de découpures, et ne peut jamais présenter l'effet pittoresque d'un tableau ou d'une belle décoration.

Il ne sera donc ici question ni de *jardins antiques*, ni de *jardins modernes*, ni de jardins *anglois*, *chinois*, *cochinchinois;* ni de divisions en *jardins, parcs, fermes* ou *pays;* ni d'exemples de tel ou tel lieu, parce que les exemples ne conduisent qu'à faire des copies; je ne traiterai que des moyens d'embellir, ou d'enrichir la nature, dont les combinaisons, variées à l'infini ne peuvent être classées, et conviennent également à tous les temps et à toutes les nations.

Mais si, d'un côté, toute affectation doit

être écartée, de l'autre, le désordre et le caprice ne sont pas plus suffisans pour composer un beau tableau sur *le terrain* que sur *la toile.*

Il est d'autant plus nécessaire, avant de travailler dans ce genre, de l'avoir médité long-temps d'après un véritable point d'appui, que sans cela on ne peut manquer d'être conduit facilement à tout confondre, et à culbuter à grands frais du terrain à tort et à travers.

Si dans la peinture, où la disposition de tous les objets dépend de la seule imagination du peintre, où son tableau n'est assujéti qu'à un seul point de vue, où l'artiste est le maître des phénomènes du ciel, des effets de la lumière, du choix des couleurs et de l'emploi des accidens les plus heureux, la belle ordonnance d'un paysage est néanmoins une chose si rare et si difficile; comment pourroit-on se figurer que dans l'ordonnance d'un vaste tableau *sur le terrain,* où le compositeur, avec les

mêmes difficultés *pour l'invention*, rencontre à chaque instant, dans *l'exécution*,
une foule d'obstacles qu'il ne peut vaincre
qu'à force de ressources, d'imagination et
d'expérience, et par une assiduité et un
travail soutenu; comment pourroit-on,
dis-je, se figurer qu'une pareille composition puisse être dictée par la fantaisie, aban-
donnée au hasard ou à un jardinier, et con-
duite sans principes, sans réflexions, sans
plan et sans dessins? Il en seroit précisément comme de cet ivrogne, qui, en jetant
au hasard des couleurs contre une murail-
le s'imaginoit faire un tableau.

La symétrie est née sans doute de la paresse et de la vanité. De la vanité : en ce
qu'on a prétendu assujétir la nature à sa
maison, au lieu d'assujétir sa maison à la
nature; et de la paresse, en ce qu'on s'est
contenté de ne travailler que sur le papier,
qui souffre tout, pour s'épargner la peine
de voir et de combiner soigneusement sur
le terrain, qui ne souffre que ce qui lui con-

vient : de là, tous les aspects de l'horizon ont été sacrifiés à un seul point, celui du milieu de la maison. Toutes les construc-tructions déterminées sur ce point milieu, ont été privées par là de toutes les dimensions des corps solides, pour ne plus présenter que des surfaces sans épaisseur et sans variété de formes ; tous les objets ont été réduits à une seule ligne, et tous les terrains à la *platitude* d'une feuille de papier.

Le majestueux ennui de la symétrie a fait tout d'un coup sauter d'une extrémité à l'autre. Si la symétrie a trop long-temps abusé de l'ordre mal entendu pour tout enfermer, l'irrégularité a bientôt abusé du désordre pour égarer la vue dans le vague et la confusion.

Le goût naturel (*) a conduit d'abord à

______

(*) Le goût naturel est souvent le meilleur juge des cho-ses faites ; mais, pour les bien faire, il faut des connoissan-ces approfondies et de la pratique, sans quoi on n'arrive au vrai qu'à force d'erreurs.

penser que, pour imiter la nature, il suffi-
soit, comme elle, de proscrire les lignes
droites, et de substituer un *jardin contourné* à un *jardin carré*. On a cru qu'on
pourroit produire une grande variété à force d'entasser dans un petit espace les productions de tous les climats, les monumens de tous les siècles, et de *claquemu-
rer*, pour ainsi dire, tout l'univers. On
n'a pas senti, que quand bien même un
mélange aussi disparate pourroit offrir
quelques beautés dans les détails, jamais,
dans son ensemble, il ne pouvoit être naturel ni vraisemblable. Si l'on a voulu ensuite se rapprocher davantage de la simplicité, on s'est persuadé qu'il ne falloit que
rendre seulement la liberté à la nature, en
plaçant tout au hasard; et l'on n'a pas son-
gé qu'en parsemant des arbres par petits
paquets, et qu'en éparpillant différens objets, sans perspective, ni convenance, on
ne pouvoit jamais produire qu'un effet vague et confus. Si la nature mutilée et cir-

conscrite est triste et ennuyeuse, la nature vague et confuse n'offre qu'un pays insipide ; et la nature difforme n'est qu'un monstre ; ce n'est donc qu'en la disposant avec habileté, ou en la choisissant avec goût, qu'on peut trouver ce qu'on a voulu chercher, le véritable effet de PAYSAGES INTÉRESSANS.

Voilà le mot ; passons aux principes.

La peinture et la poésie ont pour objet de présenter les plus beaux effets de la nature ; l'art de la bien disposer, de l'embellir, ou de la bien choisir, ayant le même but, doit par conséquent employer les mêmes moyens.

Or, c'est uniquement dans *l'effet pittoresque* qu'on doit chercher la manière de disposer avec avantage tous les objets qui sont destinés à plaire aux yeux ; car *l'effet pittoresque* consiste précisément dans le choix des formes les plus agréables, dans l'élégance des contours, dans la dégradation de la perspective ; il

consiste à donner, par un contraste bien
ménagé d'ombre et de lumière, de la saillie, du relief à tous les objets, et à y répandre les charmes de la variété, en les
faisant voir sous plusieurs jours, sous plusieurs faces et sous plusieurs formes;
comme aussi dans la belle harmonie des
couleurs, et surtout dans cette heureuse
négligence, qui est le caractère distinctif
de la nature et des grâces.

Ce n'est donc ni en architecte, ni en
jardinier, c'est en poëte et en peintre,
qu'il faut composer des paysages, afin
d'intéresser tout à la fois l'œil et l'esprit.

CHAPITRE II.

De l'Ensemble.

L'EFFET pittoresque, et la belle nature ne peuvent avoir qu'un même principe, puisque l'un est l'original et l'autre la copie. Or, ce principe, c'est que TOUT SOIT ENSEMBLE, ET QUE TOUT SOIT BIEN LIÉ. Toute discordance dans la perspective, ainsi que dans l'harmonie des couleurs, n'est pas plus supportable dans le tableau sur *le terrain*, que dans le tableau sur *la toile.*

L'objet essentiel est donc de commencer par bien composer le grand ensemble, et les tableaux pour l'habitation, de tous les côtés où se dirigent les principales vues ; je dis les principales vues, car si vous obtenez d'un côté un paysage intéressant, de l'autre une avenue en ligne droite qui barre l'aspect du pays, une grille sévère qui enferme comme dans un cloître et l'aridité d'une cour pavée vous deviendront bientôt des objets insupportables. La maison est le point de la résidence ; c'est celui où le repos et les intervalles de la conversation donnent le plus de loisir aux yeux de se promener. « LA NATURE (dit un » homme dont chaque mot est un sen- » timent), *la nature fuit les lieux fré-* » *quentés ; c'est au sommet des mon-* » *tagnes , au fond des forêts , dans les* » *îles désertes, qu'elle étale ses charmes* » *les plus touchans ; ceux qui l'aiment,* » *et ne peuvent l'aller chercher si loin ,* » *sont réduits à lui faire violence , et* » *à la forcer en quelque sorte à venir* » *habiter parmi eux , et tout cela ne* » *peut se faire sans un peu d'illusion* ». C'est donc autour de l'endroit qu'on habite qu'il faut conduire la nature à venir habiter; c'est à l'endroit où on peut en jouir

le plus souvent, qu'il faut l'engager à répandre le plus de charmes.

Le premier coup-d'œil de la magnificence peut quelquefois éblouir et surprendre ; l'effet au contraire de la nature , c'est
de ne point surprendre ; mais plus on la
voit , plus elle paroît aimable ; et les douces sensations que son aspect produit, par
une analogie que tout homme ne peut
manquer d'éprouver , font insensiblement
passer jusqu'à l'âme des impressions vo-
luptueuses et touchantes.

D'ailleurs quelle magnificence humaine
pourroît être comparée au grand spectacle de la nature? Lorsque vous cesserez ,
par les longues lignes droites , et la triste
clôture de vos murailles de charmille , de
vous priver de la vue du ciel et de la terre,
c'est alors que vous verrez se déployer
dans toute sa majesté la voûte azurée des
cieux ; les brillans phénomènes de la lumière viendront sans cesse embellir le spectacle ; chaque nuage variera tous *les tons*

de couleur du tableau ; et si les rayons du soleil, par une opposition plus sensible de l'ombre et de la lumière, viennent jeter un nouveau piquant sur les teintes de la verdure, on se sent aussitôt entraîner dans une promenade où rien n'offre l'idée de la prison, où ce qu'on voit engage sans cesse, et prévient favorablement pour ce qu'on ne voit pas.

L'UNITÉ est le principe fondamental de la nature, ce doit être celui de tous les arts. Dans tout ouvrage où l'attention se partage, adieu l'intérêt; il en seroit ainsi que de plusieurs tableaux sur la même toile, ou de décorations disparates sur un même théâtre, comme lorsque vous voyez à l'opéra l'enfer monter, tandis que le ciel s'abîme.

Tous les objets qui peuvent être aperçus du même point, doivent être entièrement subordonnés au même tableau, n'être que des parties intégrantes du même tout, et concourir par leur rapport et leur convenance à l'effet et à l'accord général.

C'est donc d'abord sur l'ensemble, ou le plan général qu'il convient de réfléchir mûrement : les erreurs à cet égard peuvent imprimer surtout l'ouvrage des taches ineffaçables.

Avant de mettre la main à l'ouvrage, commencez par bien connoître le pays qui vous environne, et par vous assurer du terrain nécessaire à l'exécution de votre projet (*).

Gardez-vous de commencer par les détails, et de vouloir conserver particulièrement des choses déjà faites, si elles deviennent incompatibles avec la disposition

---

(*) Si vous éprouvez, à cet égard, des obstacles dans un point, vous pouvez toujours en chercher un autre ; parce que ce genre qui vous donne le choix de tous les aspects de l'horizon, vous présente bien plus de facilités pour vos points de vue et vos communications de promenades , que l'alignement forcé qui vous astreint au point milieu et à la ligne directe.

générale; mais surtout ne manquez pas de faire vous-même, ou de faire faire le tableau de votre plan. Quand je dis le tableau de votre plan, vous sentez bien que le tableau d'un paysage ne peut être inventé, esquissé, dessiné, colorié, retouché par aucun autre artiste que le *peintre de paysages;* mais, de son côté, gare la routine de l'école, ou les écarts de l'imagination ! Prendre ce que le pays vous offre; savoir vous passer de ce qu'il vous refuse; vous attacher surtout à la facilité et à la simplicité de l'exécution : voilà la règle de votre tableau. VÉRITÉ ET NATURE, messieurs les artistes, voilà vos maîtres, et ceux du sentiment.

Lorsque je dis que c'est au peintre de paysage qu'il faut s'adresser pour lui faire représenter le dessin de son idée, c'est lorsqu'il ne s'agit encore que d'esquisser son projet pour s'en rendre compte aux yeux; car s'il est vrai de dire que, dans ce genre, c'est en peintre et en poëte qu'il faut composer; il est certain que, pour exécuter, il faut nécessairement réunir l'architecte et le cultivateur, sans quoi l'on n'auroit souvent que des projets sans possibilité, des bâtimens sans paysages, et des arbres sans feuilles.

Je suppose que vous avez commencé par bien parcourir votre pays, par en bien connoître les points les plus intéressans, et la possibilité d'y communiquer ou d'en tirer parti, soit dans l'ensemble, soit dans les détails ; alors faites-vous accompagner du peintre : si du point du salon vous éprouvez des obstacles à la vue, montez sur le haut de la maison; de là, choisissez dans le pays les fonds et les lointains les plus intéressans, et voyez à conserver, soit en constructions, soit en plantations déjà faites, tout ce qui pourra entrer dans la composition de votre tableau ; qu'ensuite le peintre fasse une esquisse, dans laquelle il composera *les devans* d'après *les fonds* donnés par le pays. Un décorateur habile, tel que Servandoni , qui auroit été obligé de composer les coulisses de devant sur un fond de décoration qui lui auroit été donnée, eût été sans doute capable de produire, dans le peu d'espace d'un théâtre, l'illusion d'une perspective très-étendue; de même, il ne faut pas toujours un grand terrain, ni une grande dépense pour faire *les devans* d'un grand tableau; il suffit pour cela que les différens *plans* (*) soient bien disposés et bien sentis, et que l'étendue de la perpective soit proportionnée à l'importance et à la masse du bâtiment de l'habitation. Plus la maison est grande, plus elle exige une vaste découverte dans son ensemble, et par conséquent, plus il y a de terrain et de choses perdues pour l'agrément dans les détails; une petite maison, au contraire, peut profiter de tout, se pas-

---

(*) On appelle PLANS , en terme de peinture, ce que l'on appelle sur un théâtre coulisses; c'est ce qui sert à donner l'effet à la perspective.

ser même de lointains, ou du moins s'en faire aisément sur son propre terrain, puisqu'il est posible d'en produire même dans un bois, par le seul effet des *coups de jour* bien ménagés. Un paysage entièrement bocagé pourroit, à la rigueur, lui suffire, et lui procurer, bien plus à portée, une multitude de détails, d'ombrages et d'asiles charmans. En cela, comme en toute autre chose, que d'avantages pour la médiocrité sur la splendeur !

Vous commencerez donc par faire votre esquisse au crayon, ce qui vous laisse la facilité d'effacer, et de substituer. Vous tâcherez même que cette esquisse ne soit qu'un simple trait, et ne présente d'abord que les formes principales des objets, et la disposition générale des grandes masses de votre ensemble. Un dessin bien fini ne manqueroit pas de vous séduire par l'agrément de la touche d'un habile artiste ; vous vous détermineriez d'après un dessin dont vous ne réussiriez peut-être pas à obtenir l'effet dans la nature; et il vaut bien mieux avoir à gagner qu'à perdre dans l'exécution.

Lorsque l'esquisse de votre ensemble sera faite, alors vous réfléchirez, vous concerterez, vous discuterez avec des gens de goût l'ordonnance générale de la disposition qu'elle vous présente, et toujours avec l'objet d'atteindre l'idée la plus facile et la plus simple; car, encore un coup, c'est toujours la meilleure; mais le malheur, c'est qu'elle est presque toujours la dernière à se présenter.

Lorsque, d'après l'esquisse, votre plan sera déterminé, que la facilité de l'exécution vous en sera démontrée, c'est alors que, d'après un dessin plus arrêté et plus fini, l'artiste pourra peindre le tableau : dans une composition importante, il ne suffiroit pas d'avoir le trait de votre tableau; le coloris seul vous fera bien sentir l'effet de la perspective, la disposition des différens *plans*, la juste proportion des objets, la dégradation des couleurs, le caractère et la forme qu'il faudra donner à vos bâtimens, et vous indiquera le choix des arbres convenables à l'effet des masses principales de vos plantations.

Si vous voulez faire quelque chose de grand, n'allez pas regarder à la petite dépense de quelques tableaux, qui vous resteront pour vous rappeller encore dans votre cabinet les charmes de la campagne. Il vous en coûtera bien davantage pour des variations et des *retouches* continuelles *sur le terrain*, aussi fatigantes que dispendieuses, auxquelles vous n'échapperez jamais sans ce point d'appui. Je sais ce qu'il m'en a coûté, pour n'avoir pas pris d'abord ce parti du côté du nord de ma maison.

Si pour un jardin symétrique, où l'on n'emploie que la ligne droite, il a toujours fallu compasser un plan géométral; si pour toute espèce de jardins contournés, où il ne s'agit que de découper le terrain, encore est-il nécessaire de dresser auparavant une espèce de carte géographique, pour en tracer les contours; à plus forte raison lorsqu'il s'agit de mettre en œuvre toutes les lignes et tous les objets de la nature, lorsque des remuemens de terre, des cours d'eau, et des constructions pittoresques doivent être déterminés dans un vaste tableau, dont l'exécution sur le terrain doit être faite au premier coup, parce que rien ne s'y efface impunément: je pense que vous devez savoir dès à présent à quoi vous en tenir, si jamais des gens qui ne seroient capables, ni d'inventer, ni de dessiner, cherchoient à vous en imposer par de pompeux verbiages, en vous disant qu'on ne peut pas faire de plans dans ce genre, qu'il faut aller au jour le jour, et que commencer par faire un tableau, avant que le local soit arrangé, ce seroit commencer par la copie avant l'original. Il vous est aisé de juger que l'antécédent de toute composition, est l'idée du compositeur. Or, pour composer un paysage, et le rapporter sur le terrain, le tableau est la seule manière d'écrire son idée pour s'en rendre un compte exact avant de l'exécuter.

Je viens de vous annoncer toutes les différentes gradations que la prudence exige dans la combinaison de votre ensemble, depuis la simple esquisse jusqu'au tableau colorié; je dois vous indiquer encore quelques moyens pour rapporter votre tableau sur le terrain, et vous assurer de plus en plus d'obtenir le même effet dans la nature, eu égard à la disposition locale des objets, à leur distance, à leurs proportions respectives, et à la facilité de la main-d'œuvre.

C'est au même point d'où le tableau a été peint, que vous vous placerez pour le rapporter. De là les principaux objets que vous aurez communément à disposer sur le terrain, seront :

1.° Les masses de plantations, soit en arbres forestiers, soit en bois taillis, qui devront former, par leur disposition, les différens *plans* ou coulisses dans la décoration que doit produire votre tableau. Pour établir chacun de ces *plans,* ou coulisses, vous n'aurez qu'à faire planter à chaque point de leurs saillies, des perches avec un cadre de toile blanche, dont chacune sera d'une hauteur proportionnée à la dégradation de la perspective générale.

2.° Comme il est très-difficile de rapporter sur le terrain les formes, l'inclinaison des angles, les différentes faces, et les saillies de vos constructions suivant l'effet dicté par votre tableau ; au lieu de vous casser la tête à en faire des plans géométriques, où les gens de routine ne comprendroient rien, attendu que ces sortes de constructions doivent être d'architecture pittoresque, il sera bien plus expédient, au lieu d'employer les charpentiers à tracer à grande peine *l'épure* ou le *plan parterre* de leur charpente, de leur faire figurer tout de suite l'élévation des encoignures des murs, les *arétiers,* les *plates-formes* et la saillie des *combles* avec des tringles de sapin, ou des perches. Ce procédé vous donnera bien plus de facilité pour établir, et rectifier à mesure toutes les hauteurs, les longueurs, et les principales lignes essentielles à l'effet de cette construction, et si elle doit être vue de loin, vous ferez bien, pour plus grande sûreté, de faire tendre sur cette espèce de bâtis de charpente, des toiles d'une couleur conforme à celle que votre tableau vous indique. De cette manière, long-temps avant de bâtir, vous pourrez combiner et vous assurer du succès de vos constructions, relativement aux différens points d'où elles doivent figurer, relativement à leur forme, à leur élévation, à l'inclinaison de leurs angles, relativement à l'effet de leurs différentes faces et de la saillie de leurs combles; vous pourrez, par ce moyen, vous rendre compte de tous leurs rapports et de leur convenance avec les objets environnans, et du choix des matériaux propres à obtenir l'effet que vous désirez; en fin cette méthode rendra la construction d'autant plus facile à toutes sortes d'ouvriers, qu'ils auront sous les yeux un modèle de grandeur naturelle, qui leur déterminera sensiblement tous les points de leur ouvrage.

3.° Rien n'étant plus fautif que la théorie de la perspective à l'égard des surfaces de niveau, pour peu que vous puissiez avoir le moindre doute sur la possibilité d'apercevoir, du point de votre résidence, la surface des eaux, suivant la forme, l'étendue, et l'emplacement où elles sont disposées dans votre tableau; comme il est important de vous assurer du succès d'une entreprise aussi coûteuse à manquer, que celle de la disposition des eaux, n'hésitez pas de faire étendre de la toile blanche sur le terrain, suivant les contours, l'étendue, et la situation nécessaire pour opérer dans la *nature* le même effet que dans votre tableau.

4.° Pour parvenir à tracer d'une manière juste les contours du terrain, les lignes

extérieures des plantations en plein bois
de futaie ou taillis, les sinuosités des sen-
tiers, et les bords des eaux, vous n'aurez
qu'à faire planter de petits piquets par un
homme accoutumé à suivre les signes que
vous lui ferez, comme le crayon suit la
main du dessinateur. Ensuite, lorsque vous
aurez examiné de tous les points et de tous
les sens, si les contours que tracent ces piquets, conviennent à vos points de vue,
faites étendre de proche en proche sur le
dehors de ces piquets un cordeau, qui, en
se pliant sur leurs contours, fixera la ligne
sinueuse que vous vous proposez, et que
vous ferez tracer exactement avec une bê-
che le long de ce cordeau. Les lignes si-
nueuses, ainsi tracées, deviendront aussi
faciles à suivre par les ouvriers, que leurs
alignemens ordinaires; autrement il seroit
impossible d'espérer que des terrassiers
pussent avoir assez de goût pour observer des contours bien dessinés, tandis que
le plus habile dessinateur auroit souvent

de la peine à les tracer sur le papier au premier coup.

5.° Quant aux arbres d'un effet particulier, ou aux groupes composés de plusieurs arbres, vous ferez bien d'y fixer des piquets penchés, croisés, ou espacés suivant votre intention, et d'attacher sur la tête de ces piquets de petits écriteaux qui désignent les noms et les formes des arbres que vous voulez y faire planter.

A ces moyens d'une pratique générale, vous pourrez sans doute en ajouter d'autres, suivant les circonstances. Mais, quelque simples que ceux-ci puissent paroître à de grands calculateurs, qui, à force de regarder au ciel, donnent souvent du nez en terre, j'ai cru devoir vous les dire, parce que les moyens les plus simples sont les seuls qui évitent dans la pratique les *mémoires à parties doubles.*

CHAPITRE III.

De la Liaison avec le Pays.

JE vous ai déjà prévenu que le principe fondamental de la nature, ainsi que de l'effet pittoresque, consiste dans L'UNITÉ DE L'ENSEMBLE ET LA LIAISON DES RAPPORTS. Ce n'est donc pas assez de vous avoir indiqué votre véritable point d'appui pour la formation de votre plan général, et la manière de le rapporter sur le terrain ; je dois vous faire observer encore la nécessité de la liaison avec tous les objets, qui, dès qu'ils font partie du même aspect, doivent nécessairement concourir à former l'unité de votre ensemble, et la convenance de tous ses rapports.

Si la masse et l'importance du bâtiment d'habitation demandent un grand tableau, vous ne pouvez donner une grande étendue à votre perspective qu'en empruntant vos *fonds* du pays, et en multipliant sur votre propre terrain *les plans* ou repoussoirs, à proportion que vous aurez besoin de repousser les fonds du tableau, et d'en faire fuir les lointains. Il en seroit d'un beau fond de pays, sans *des plans* sur le devant bien disposés pour le rendre propre à votre habitation et à votre aspect, comme d'une belle toile de fond dans une décoration, devant laquelle il n'y auroit aucuns *plans* ou coulisses qui contribuassent à la faire valoir.

Vous ne pouvez jamais vous bien approprier les fonds du pays (*) qu'autant

(*) S'approprier les fonds d'un pays par un bel aspect, est une sorte de propriété d'autant plus satisfaisante, qu'en contribuant à la beauté générale du pays, elle appartient à tout le monde, que tout le monde en jouit, et qu'elle n'humilie personne. Ce seroit donc une idée bien froide et bien mesquine, de penser que l'apparence d'une clôture, ou la séparation évidente d'une propriété particulière, quelqu'étendue qu'elle soit, puisse avoir l'air plus grand autour d'un château, et même d'un palais, que le développement de la naque votre terrain intérieur sera bien fondu, et, pour ainsi dire, *amalgamé*, avec le terrain extérieur. La moindre séparation apparente feroit tache ou rature dans le tableau. Pour éviter celle que ne pourroit pas manquer d'y faire la ligne de la clôture, vous avez la ressource, soit des fossés remplis d'eau, soit des fossés ordinaires avec une palissade à pointe, dont la hauteur n'excède pas le niveau du terrain, ou bien vous pourrez faire construire vos murs en contre-bas.

Une autre attention à avoir, c'est de faire en sorte que vos *plans* de devant, l'espèce d'objets dont ils seront composés, et la couleur de vos *terrasses* (*) inté-

---

ture, et l'aspect d'un beau paysage, qui n'a de bornes que l'horizon; autant vaudroit-il dire qu'un château ou un palais, avec toutes ses circonstances et dépendances, ne devroit jamais offrir que le modèle d'une *enseigne à bière*, et jamais celui d'un superbe tableau.

(*) On appelle terrasse, en terme de peinture, un terrain découvert, de quelque nature qu'il soit.

rieures, s'accordent avec les *terrasses*, et les objets extérieurs. Avez-vous pour fonds des villes ? Vous pourrez faire entrer plus de bâtimens, et d'un plus grand style, dans la composition de vos *plans de devant*. Sont-ce seulement des villages ? Moins de bâtimens et d'un style plus simple. Le pays extérieur est-il boisé ? Plus de plantations dans les devans, et vous pourrez, à la rigueur, vous y passer de bâtimens apparens.

Quant à la couleur *des terrasses*, si le pays extérieur est en terres labourables, il est absolument nécessaire, pour vous y bien lier, d'introduire intérieurement dans *vos terrasses* les couleurs des champs, et l'aspect de la culture; si néanmoins vous voulez absolument, sur la partie la plus voisine de la maison, avoir sous les yeux la verdure d'un pâturage, il faut avoir bien soin de contourner la *terrasse verte*, de manière à en perdre les extrémités derrière des bois, des montagnes ou des bâtimens, afin qu'elle ait l'air d'appartenir à une étendue de prairies, dont la suite se dérobe à la vue. Quant à la partie de *terrasse* la plus voisine des champs, vous ne manquerez pas de la lier aux terres labourables de l'extérieur ; un bâtiment de genre convenable aux pâturages, appuyé contre des masses de bois ; un autre, convenable à l'agriculture, accompagné de quelques haies, pourroient faire d'une manière heureuse la division de ces deux espèces de *terrasses*, l'une verte et l'autre jaunâtre ; et par l'évidence de leur destination, l'un pour le pâturage, et l'autre pour la culture, faire rentrer également ces deux *terrasses* dans l'ensemble et le caractère d'un pays cultivé. Si les *terrasses* extérieures sont en prairies, la liaison vous offrira tout naturellement la facilité d'un accord, et d'un *ton de couleur général* plus doux et plus frais : enfin, tous les objets de votre composition doivent être liés à vos grandes masses, comme l'ensemble

de votre composition au genre du pays.
Tout objet trop isolé, tout objet de couleur trop éclatante, détruit cet accord général, et cette correspondance que vous offre toujours le spectacle de la nature. Si
vous avez senti le charme de cette belle
harmonie, vous jugerez bien que ce ne sera pas avec des gazons fauchés et roulés
sans cesse, dont le vert ressemble à celui
de la *tontisse d'un plateau de dessert*,
que vous parviendrez à lier vos *terrasses* à celle d'une belle prairie émaillée de
fleurs, pas plus que vous ne réussirez avec
de petits arbustes, de petits arbres verts,
de petits arbres étrangers, de petits arbres
à fleurs, de petites choses et de petits génies, à faire de beaux *devans* à des masses composées d'ormes et de chênes altiers,
ni à un horizon de montagnes bleuâtres,
dont les cîmes se perdent dans les nues.

CHAPITRE IV.

Du Cadre des Paysages.

L'EFFET de l'amour et de la beauté est de fixer les yeux : tel doit être celui de tout objet fait pour plaire. Toute espèce de jouissance est bientôt détruite par la distraction ; c'est pour cela que la vue, le plus vagabond de tous les sens, a besoin d'être fixée pour jouir avec plaisir et sans lassitude ; c'est pour cela que toute décoration a besoin d'avant-scène pour appuyer la vue sur l'effet de la perspective ; c'est pour cela que tout tableau a besoin d'un cadre pour arrêter les regards et l'attention. Le cadre d'un tableau sur la toile se fait par des masses vigoureuses sur les devans, qui donnent de l'effet à la perspective ; et par une large bordure, qui, en terminant les objets, ne permet pas à la vue de se distraire, et de s'égarer hors du tableau.

Le cadre d'un *tableau sur le terrain* est produit tout naturellement par son avant-scène, ou les masses de devant. Ce cadre, ou avant-scène, peut être composé par des plantations, des montagnes, ou des bâtimens, pourvu que les masses en soient grandes, et surtout bien appuyées. Une décoration derrière l'avant-scène, de laquelle on pourroit voir dans les coulisses, n'auroit assurément aucun effet de perspective; tâchez aussi de rapprocher de vos fenêtres, sans aucun intermédiaire, les masses de votre avant-scène; c'est le moyen d'amener, pour ainsi dire, le paysage de la campagne jusqu'à l'appartement, et de se procurer de l'ombrage dès en sortant de la maison.

Sans des *plans* biens disposés pour vous approprier, et mettre dans un juste effet de perspective, les lointains que vous vous serez choisis dans le pays; sans un cadre ou avant-scène, dont les masses vigoureu-

ses, en faisant fuir tous les *plans* subsé-
quens, ainsi que les lointains, vous rendent l'effet et l'accord d'un paysage agréable; jamais vous n'obtiendrez d'effets vrais
et intéressans dans l'ensemble, de liaison
et de connexité parfaite avec le pays extérieur, ni de transitions naturelles avec
vos différens points de promenades. Vous
aurez beau, par la dépense et le tourment
d'un entretien minutieux, établir une que-
relle perpétuelle entre la nature et votre
jardinier, la clôture exacte que nécessite
ce minutieux entretien, en excluant les passans, ne manquera pas d'imprimer bientôt
sur votre enceinte ce caractère triste et
morne qu'offre toujours l'aspect isolé de
la nature végétale, si l'on n'y joint pas le
spectacle de la nature animée. Jamais enfin vous n'obtiendrez cette jouissance douce
et paisible des véritables beautés et des
grands effets de la nature, qu'en lui donnant d'abord de belles formes, et lui laissant ensuite le soin de s'arranger elle-même.

CHAPITRE V.

De la différence entre une vue vague et de géographie, et la vue pittoresque et bornée, convenable aux proportions d'un domicile ou d'une habitation.

Qu'un voyageur parcoure des hauteurs d'où la vue plane sur une vaste étendue de pays, ses yeux s'écartent sur tous les différens points, comme sur ceux d'une carte géographique; dans tout ce qu'il aperçoit, rien ne lui est familier, rien ne lui est propre, rien n'est à sa portée, rien n'arrête de préférence ni ses regards, ni ses pas : en descendant de là, s'il aperçoit près de son chemin, l'entrée d'un joli vallon, resserrée par quelques groupes d'arbres heureusement disposés; si d'un petit bois touffu il sort une source qui rafraîchisse un tapis de verdure ; aussitôt il se sent entraîné, retenu par un charme secret. Plus haut, c'était l'univers pour lui; ici c'est un lieu de repos, une espèce de domicile que la nature offre à l'homme. Le pays que l'on ne fait que parcourir, peut être indéfini; la variété continuelle des objets qui se succèdent rapidement dans un voyage ou dans une promenade, empêche qu'on n'ait le temps d'être fatigué par leur disposition vague et confuse; mais le pays où l'on s'arrête avec plaisir, à plus forte raison celui où l'on veut faire sa demeure, doit être borné plus ou moins, suivant l'importance du bâtiment, et le nombre de ses habitans. Une vue trop vaste ne peut jamais être d'une juste convenance à l'habitation d'un seul, ou de quelques hommes; il en seroit comme d'un habit mal fait à la taille; on y est toujours mal à son aise. Ne sentez-vous pas à présent la nécessité du cadre et de ses proportions, relativement aux convenances du domicile? En cela, comme en toutes choses, il est essentiel de savoir se borner.

CHAPITRE VI.

Des Détails.

JE crois vous avoir développé quelques principes nécessaires à l'effet général de l'ensemble, relativement au point de vue de la maison ; du moins je l'ai fait autant qu'il m'a été possible, pour vous éviter des regrets et des dépenses superflues, par rapport à ce point capital, le plus difficile de votre composition et le plus impossible à corriger, s'il est une fois manqué. Si , au contraire, cet ensemble est bien saisi, les détails se présenteront, pour ainsi dire, d'eux-mêmes ; car la nature n'est féconde dans ses variétés infinies, que parce que son plan général est infiniment simple. Cet ensemble, comme je l'ai dit, doit toujours être dicté par le caractère général du pays ; les détails, au contraire, vous se-

ront donnés par le caractère local des endroits particuliers les plus intéressans que
vous pourrez trouver derrière les plantations, et les masses qui formeront le *cadre*
de votre grand ensemble. Il n'est pas toujours nécessaire que vous ayez un grand
terrain en toute propriété derrière ce *cadre*, pour y trouver un grand nombre de
détails; il suffira, le plus souvent, que
vous n'ayez que le terrain qui vous est nécessaire, pour établir, par un sentier bordé
de bois, et, si vous voulez, de fossés, la communication avec les points les plus intéressans du pays, et le retour à la maison par
un autre côté; car rien ne serait plus désagréable que de revenir sur ses pas par le
même chemin.

L'ensemble étant toujours déterminé
par deux points donnés, celui de la maison, et celui de la situation environnante;
c'est donc principalement au peintre à pré-
sider à l'exécution de cet ensemble, parce
que, sans le compte exact qu'il est en état

de se rendre à chaque instant sur le papier, le plus souvent la perspective et la multitude d'objets qui concourent dans un grand espace, ne pourroient pas manquer d'être disposées d'une manière choquante ou confuse; les détails, au contraire, n'étant assujétis à aucun point donné, et bornés pour la plupart à un petit espace et à un seul objet, deviennent plutôt une affaire de goût et de choix, que de combinaisons et de règles. C'est principalement au poëte à les choisir et à les proposer, parce que les tableaux et les décorations dictés par le poëte, indiquent toujours une scène analogue, et un caractère moral, qui parle au cœur et à l'imagination; effet qui manque souvent à de très-beaux tableaux, lorsque le peintre n'est pas poëte. Horace a dit : Il en sera de la poésie, comme de la peinture; il auroit pu ajouter, et de la musique. Ces trois arts doivent être inspirés par le même sentiment; ils ne diffèrent que dans la manière de le dépeindre, et de l'exciter dans les autres. Celui qui ne s'attachera qu'à parler à l'oreille et aux yeux, sans s'embarrasser de rien dire au cœur, ne sera jamais qu'un compositeur insipide.

Si vous voulez bien sentir les beautés de la nature, choisissez, pour en étudier les détails, ce moment délicieux où la fraîcheur de l'aurore semble rajeunir l'univers; c'est alors que toute la terre s'embellit à l'approche de l'astre vivifiant, qui *féconde* dans son sein toutes les couleurs dont elle se pare, et surtout celle de sa *robe universelle*, ce vert charmant, couleur si douce qui repose les yeux et calme l'âme. Sortons maintenant de ce grand ensemble fait pour la promenade des yeux, et parcourons un peu avec vous la promenade des jambes.

C'est derrière les *cadres* des grands tableaux que nous devons la chercher; ce sera, pour ainsi dire, une galerie de petits *tableaux de chevalet* que nous allons parcourir, après avoir long-tems examiné le *tableau capital de l'attelier*.

Près des grandes masses du *cadre* ou de l'avant-scène, nous devons trouver, dès en sortant de la maison, un sentier ombragé et battu, qui nous conduira facilement dans tous les endroits les plus intéressans.

Tantôt c'est un bocage, où les rayons de lumière se jouent à travers les ombrages; le cristal d'une fontaine y réfléchit les couleurs de la rose qui se plaît sur ses bords; le murmure des eaux limpides, les accens amoureux des oiseaux, et les doux parfums des fleurs y charment à la fois tous les sens.

Tantôt c'est un autre bocage d'un caractère plus mystérieux; une urne antique y contient les cendres de deux amans fidèles. Un simple lit de mousse sous le creux d'un rocher, peut servir aux lectures, aux conversations, ou aux rêveries du sentiment.

Plus loin, un bois presqu'impénétrable offre le sanctuaire des amans heureux.

A l'extrémité de ce bois, le bruit d'un

ruisseau, entendu de loin sous les ombrages, invite aux douceurs du repos.

C'est dans un vallon solitaire et sombre,
que coule, parmi des rochers couverts de
mousse, le ruisseau dont on entend le bruit.
Bientôt le vallon se resserre entièrement
de tous côtés, et laisse à peine un passage
par un sentier tortueux et difficile. Quel
spectacle s'offre tout à coup ! A travers les
cavités obscures de rochers éloignés, s'é-
lancent de tous côtés des eaux brillantes
et rapides ; les rocs, les racines, et les arbres entremêlés dans le courant des eaux
précipitées, varient les obstacles, le bruit
et les formes de leurs chutes, en cent manières différentes. Des bois environnent la
place de toutes parts ; leurs épais feuillages
se courbent et s'entrelacent sur les eaux
écumantes ; des groupes d'arbres, disposés
de la manière la plus heureuse, donnent un
effet surprenant de *clair-obscur*, et de perspective à cette scène enchanteresse ; le bord
des eaux est orné de plantes odorantes, et

de buissons de fleurs ; quelques rayons de lumière, réfléchis par le brillant des cascades, éclairent seuls ce réduit mystérieux, où régne ce jour doux qui sied si bien à la beauté. Ce fut là que la belle Ismène se baignoit un jour ; le hasard y conduit le jeune Hylas ; à travers les feuillages, il aperçoit la maîtresse que depuis long-temps son cœur adore en secret. Que devient-il à la vue de tant d'attraits ! Embrasé de désirs, combattu par la délicatesse, ce n'est que par une fuite précipitée qu'il peut s'arracher au délire de ses sens ; mais, en fuyant, il laisse tomber un billet : la belle Ismène, surprise du bruit qu'elle a entendu, regarde de tous côtés, aperçoit le billet ; son cœur est touché de tant de délicatesse, de tant d'amour. Hylas fut aimé, Hylas fut heureux ; et le souvenir de ces amans constans est encore gravé sur un chêne voisin.

Ici, dans un terrain profond et retiré, une eau calme et pure forme un petit lac ; la lune, avant de quitter l'horizon, se plaît long-temps à s'y mirer. Les bords en sont environnés de peupliers ; à l'abri de leurs ombrages tranquilles, on aperçoit dans l'éloignement un petit monument philosophique. Il est consacré à la mémoire d'un homme dont le génie éclaira le monde ; il y fut persécuté, parce qu'il voulut, par son indépendance, se mettre au-dessus de la vaine grandeur. Un caractère de silence et de tranquillité règne dans cette douce retraite ; et cette espèce d'Élysée semble fait pour le bonheur paisible et les vraies jouissances de l'âme.

Tantôt un bois de chênes antiques, sous lesquels on entrevoit un temple dans la plus profonde obscurité du bois, offre à la méditation un asile silencieux. C'est là que le poëte n'est point distrait de son enthousiasme divin ; c'est là qu'il trouve ces idées sublimes qu'il doit exprimer dans ses vers.

Ici s'offre un vallon étroit et solitaire ; un petit ruisseau y coule tranquillement sur un lit de mousse; les pentes des montagnes sont couvertes de fougère., et des bois enferment de tous côtés cette solitude; c'est là que se trouve un petit hermitage; un philosophe en fit sa retraite paisible.

Sur le bord d'un vaste lac s'élèvent des rochers arides; leurs cîmes sont couvertes de pins, de sapins et de genévriers tortueux. Le terrain inculte offre partout l'image d'un désert; ce lieu est séparé du reste de la nature par une longue chaîne de rochers et de montagnes. Le peintre y vient chercher des tableaux d'un grand style; l'amant malheureux, et celui qui a perdu l'objet de son amour, y viennent chercher l'oubli de leurs peines; mais il n'est lieu si sauvage où l'amour les poursuive. On voit, gravés sur les rochers, les noms de leurs maîtresses, et les monumens de leurs anciennes amours.

A travers un bois de cèdres, une pente aisée conduit jusque sur le sommet d'une haute montagne, au pied de laquelle la rivière serpente dans de fertiles prairies;

de là l'œil plane sur un vaste horizon, cou-
ronné dans l'éloignement par un amphithéâtre de montagnes. Déjà le soleil levant
déploie avec majesté son disque radieux.
Le rideau des vapeurs se dissipe à son aspect ; de longues ombres projettent les arbres, les maisons et les côteaux dorés,
sur le tapis de verdure, encore brillant des
perles de la rosée ; mille et mille accidens
de lumière enrichissent ce tableau solen-
nel, où le philosophe, après avoir en vain
épuisé tous les systèmes, est forcé de re-
connoître l'Être des êtres, et le dispensa-
teur des choses.

Mais bientôt l'attrait des ombrages et
le vert aimable des prairies nous appellent
dans la vallée, pour y reposer nos yeux de
ce spectacle éblouissant ; au pied de la
montagne est un bois où les houblons et
les chèvrefeuilles, s'entortillant autour des
arbres, forment au-dessus de la tête des
festons et des guirlandes entrelacées. Les
tapis de mousse et d'herbe verdoyante y

sont rafraîchis par le cours de quelques petites sources, autour desquelles, dans des
buissons de rosiers sauvages et d'épines
fleuries, le rossignol se plaît à faire entendre son brillant ramage. Quelques lits de
mousse servent à l'écouter avec d'autant
plus de plaisir, qu'à l'odeur de la rose et
de l'aubépine se joint celle des jacyntes
sauvages, des simples violettes, et du lys
des vallées (*) qui croissent avec profu-
sion dans toutes les places de ce joli bois,
qui sont piquées de lumière.

En sortant de là, un vaste enclos de prairies s'étendant jusqu'à la rivière, sert de
pâturage à de nombreux troupeaux, que
n'effraient jamais ni les chiens du pâtre,
ni la houlette du berger. Groupés en cent
manières différentes, les uns pâturent pai-
siblement, les autres sont couchés tranquillement, et paroissent encore plus en-
graissés par la douceur de la paix, et de la

____

(*) *Lys des vallées* ou muguet.

liberté, que par la saveur de l'herbe fraîche et fleurie.

Quelques massifs de saules, d'aunes, ou de peupliers, nous présentent leur ombrage pour nous conduire jusqu'à un pont, ou à un bac; c'est là que l'on traverse les deux bras de la rivière, formés par une île charmante. Un bois de myrtes et de lauriers, dans lequel on voit encore un ancien autel, le parfum des bois fleuris dont elle est plantée de toutes parts, et les ruines d'un petit temple antique, témoignent assez qu'elle fut jadis concacrée à l'Amour; mais à présent ce n'est plus qu'un passage; et la maison du passeur est appuyée contre la ruine, presque méconnoissable, du temple.

De l'autre côté de la rivière sont les enclos d'une métairie, dont on aperçoit les bâtimens sur un côteau voisin; un sentier en parcourt les différens enclos entre des haies de groseillers, de framboisiers et de petits arbres fruitiers. La terre ne cesse jamais d'y être utile. Celle qu'on laisse ordinairement en jachère, est ensemencée des plantes les plus propres à la nourriture des bestiaux qui pâturent, et fertilisent en même tems ces enclos. Le bœuf y rumine en paix; le mouton et la chèvre y bondissent avec liberté; et le jeune cheval, relevant déjà tous ses crins d'un air fier et superbe, se joue en hennissant dans ses courses rapides.

Un peu plus loin, dans d'autres enclos, le laboureur conduit sa charrue en chantant, et ses plus jeunes enfans folâtrent autour de lui, tandis que ceux qui sont plus en état de travailler, arrachent les mauvaises herbes dans le champ déjà semé : le travail épargne à la jeunesse le désordre des passions; il épargne les apoplexies, soutient la santé, prolonge les jours de la vieillesse : et ces bonnes gens, à la fin du jour, ont du moins échappé à l'ennui, qui n'est que trop souvent le partage et le tourment de la richesse et de la grandeur.

Mais il est temps de finir notre promenade: un verger (*) ou bien un bois d'arbustes nous ramène à la maison. J'ai voulu seulement vous donner un foible échantillon des beautés, et des variétés qu'on peut trouver dans la nature; j'entreprendrois en vain de vous représenter toutes celles dont elle est susceptible. La diversité des cultures, les inégalités du terrain, la différence des mêmes objets aperçus de différens points et sous différens aspects, enfin toute la fécondité du spectacle de l'univers ne peut manquer de vous offrir, de manière ou d'autre, des objets de détail en telle abondance que vous ne serez embarrassé que du choix. Mais, dans le détail, comme dans l'ensemble, ne contrariez jamais la nature, et n'allez pas vous aviser, à force de machines, de vouloir imiter ses grands caprices ; car vos efforts ne

---

(*) Voyez, dans la *Nouvelle Héloïse*, tome V, lettre première, la description du verger de Clarens.

serviroient qu'à découvrir votre impuis-
sance. Ayez soin que, dans vos détails, tous
les bâtimens ou places de repos que vous
établirez, soient toujours déterminés par
le choix des points les plus intéressans, et
surtout par le caractère du local, caractère qu'il est souvent au pouvoir de l'homme de renforcer dans les détails jusqu'à
un certain point. Quelques pierres placées
à propos, du gravier jeté dans le fond,
augmenteront le bruit et la limpidité d'un
ruisseau : de petits remuemens de terrain,
quelques arbres ajoutés ou retranchés,
quelques rochers rapportés (*), produiront

(*) Pour rapporter un rocher, choisissez-en un dans la
campagne, de forme convenable à votre objet ; faites le casser
en plusieurs morceaux susceptibles d'être transportés ; ayez
soin auparavant de les faire exactement numéroter ; ensuite
vous rassemblerez les différens morceaux suivant l'ordre des
numéros. Vous ferez couler du plâtre noir entre les joints,
et, pendant que le mortier est encore frais, vous jetterez sur
toutes les parties des joints apparens, du sable de la place
même où a été pris le rocher ; et vous recouvrirez ensuite,
avec des gazons de bruyère, les plus grandes défectuosités
qui se trouveront dans le rapport des morceaux.

aisément de l'effet dans un petit espace où tous les objets sont vus de près.

Je ne vous interdirai point, pour l'intérêt de la variété, de tirer quelquefois parti de ces vues déployées avec ostentation du sommet des montagnes. Mais ces aspects à perte de vue et à vol d'oiseau, ne sont jamais bien pittoresques; ils fatiguent bientôt les yeux, et n'arrêtent jamais long-temps le spectateur avec plaisir. Il faut toujours en revenir, pour vos détails, à peu près aux mêmes principes que pour votre ensemble; car ce sont autant d'objets qui veulent avoir chacun leur effet, et leur cadre particulier. Votre grand ensemble est une promenade pour les yeux, un tableau général pour la maison; vos détails doivent être autant de petits tableaux particuliers, pour les différens points de repos que vous voulez établir dans la promenade; il faut donc qu'on s'y arrête avec plaisir. Il ne suffit pas d'écarter la symétrie, et de laisser les objets au hasard, pour produire l'effet de la belle nature : les hommes l'ont défigurée de tant de manières! D'agréables vallées et de fertiles prairies sont devenues des marécages impraticables, par l'effet de moulins mal établis, qui ont fait remonter le niveau des eaux au-dessus de celui des terres. Les villages, pour la plupart, sont devenus des cloaques, par la mauvaise disposition des maisons, au milieu desquelles il n'y a point de grandes places pour donner un libre passage à l'air purificateur; les chemins particuliers sont devenus des bourbiers, par l'effet des roulages mal entendus. Le pays est coupé de tous côtés par les longues lignes droites des grands chemins, plantés d'arbres élagués en forme de balais ; la longue monotonie de ces chemins en ligne droite est fort ennuyeuse pour le voyageur, dont les yeux sont toujours arrivés long-temps avant les jambes ; leur largeur inutile est aux dépens de la culture, et prive le voyageur de l'agrément des ombrages ; la voie d'un pavé trop étroit est très-nuisible pour la tranquillité et la sécurité du roulage, et leur alignement forcé (*) est absolument contre nature.

(*) L'alignement forcé d'un chemin en ligne droite entraîne nécessairement une multitude d'inconvéniens.

1.º On est parti, à cet égard, de la fausse application de cet axiome : LA LIGNE DROITE ESL LA PLUS COURTE D'UN POINT A UN AUTRE. Cela est vrai pour une seule ligne, mais non pas pour plusieurs lignes droites entre les deux mêmes points. Or, le moindre obstacle qui se rencontre dans un alignement forcé, oblige à faire un crochet ; et ces zigzags réitérés, loin de raccourcir, allongent souvent les distances.

2.º Toutes les montagnes font des demi-circonférences de cercle, d'ellipse, ou de cône ; conséquemment, pour l'avantage de la douceur des pentes, ainsi que celui de la brièveté de la direction, il eût été à propos de choisir pour le chemin, la circonférence latérale, plutôt que la verticale.

5.º Tous les alignemens forcés obligent nécessairement à des remuemens de terre considérables, qui rendent la construction du chemin aussi longue que dispendieuse.

4.º Les déblais des terres sont ordinairement transportés pour combler les fonds, où ils obstruent le cours des eaux ou des ravines ; de manière que si un aqueduc vient à se rompre, si, dans une affluence subite des eaux, il se trouve trop étroit, ou si le chemin cesse d'être entretenu, toute la con-

Presque partout, des arbres ont été plantés où il n'en falloit pas, et ils ont été abattus où il en falloit. Dans les jardins,

---

trée voisine devient marécageuse, et les chemins naturels du pays impraticables.

C'est uniquement en échappant à l'alignement forcé, en n'employant que les plus simples matériaux, et en suivant les directions naturelles, qu'on est parvenu à faire en Angleterre les plus belles routes qui aient jamais existé dans l'univers.

1.º Au lieu d'un pavé cahotant, ou d'une chaussée ferrée, que les monceaux de pierres dans les premières années, et les ornières par la suite, rendent presque toujours mauvaise, on a fait, dans toute la largeur de la route, un encaissement de gravier, ou de cailloux cassés en très-petits morceaux. Par cette construction simple et facile, le roulage y est exempt de cahots, et les grosses voitures, loin d'y faire des ornières, ne font que contribuer à unir et à raffermir le terrain, parce que la largeur du bandage des roues est toujours proportionnée au poids des charriages (*).

2.º La douce sinuosité des routes, en présentant sans cesse

(*) Avec des chariots à quatre roues, dont les jantes seroient de neuf pouces de large, ferrées de trois bandes, et dont l'essieu de devant seroit de dix-huit pouces plus court que celui de derrière, afin que les roues de devant repassassent sur la même *piste* que les chevaux, on pourroit même effacer par ce moyen jusqu'aux impressions des fers. Cette précaution seroit bonne dans des promenades.

ils ont été taillés en raquette, en boule, en
évantails, en portiques, en murailles ; jamais les buis et les ifs métamorphosés en

---

à l'œil du voyageur de nouveaux objets qui le récréent, procure en même temps la facilité de prévenir de loin tous les
obstacles, de suivre presque toujours les directions naturelles
dans le cours des vallées, ou d'obtenir une pente très-douce
à mi-côte dans les montagnes nécessaires à traverser; ce qui
évite la dépense des remuemens de terre, des aqueducs , et
l'inconvénient des inondations auxquelles leur destruction
expose le pays voisin.

3.º La dimension des routes y est proportionnée à leur
importance, à leur fréquentation, à la proximité des grandes villes et aux convenances accidentelles et locales; proportions qui ne peuvent jamais varier dans le cours d'un
alignement forcé; car une route, pour être bien entretenue
dans toute sa largeur, ne doit jamais avoir plus de 24, 30,
ou au plus 36 pieds de large : au delà non-seulement c'est
du terrain enlevé en pure perte à la culture; mais les eaux
pluviales ne pouvant alors s'écouler entièrement dans les
fossés des côtés, leur stagnation sur la surface de la route
la rend bourbeuse et la dégrade continuellement.

4.º Les routes sont également bonnes dans toute leur largeur; par là le voyageur tranquille, non-seulement n'y est
point exposé à des querelles perpétuelles pour la *cession et
rétrocession* du pavé, mais encore il est à l'abri des crottes,
soit par les trottoirs ménagés pour les gens de pied, soit par

lustres, en pyramides, en cerfs, en
chevaux, en chiens, etc., n'y ont paru
dans leur véritable forme. Mais il est une

le soin scrupuleux qu'on a de faire séparer, après les temps
de pluie, les boues du gravier; comme aussi de l'inquiétude
de s'égarer, par le soin qu'on a eu de placer des poteaux
d'indication à toutes les croisées des chemins.

Il est vrai que le voyageur, qui profite seul de tant d'avantages pour l'épargne de ses chevaux, de ses voitures et de
son temps, est aussi le seul qui les paie. Les droits médiocres et invariablement fixés des péages établis d'une distance
à l'autre, remboursent successivement à des entrepreneurs
particuliers *qui sont sous l'autorité*, et non *dans l'autorité
du gouvernement*, les frais de la construction et de l'entretien de ces routes que l'on appelle, pour leur beauté, *routes
de Barrière*.

En France, ces compagnies d'entrepreneurs pourroient se
former de préférence de tous les gens honnêtes et instruits
qui composent les ingénieurs des ponts et chaussées; et ces
sortes d'entreprises deviendroient pour eux une propriété
foncière qui leur seroit bien plus avantageuse que leurs
commissions actuelles, qui peuvent n'être que l'affaire du
moment ou du crédit.

L'académie de Châlons, animée d'un profond désir du
bien public, avoit demandé pour sujet d'un de ses prix :
Quels pourroient être les moyens les moins onéreux aux
provinces et au gouvernement pour la confection des grands
chemins ? Certes, les moyens ci-dessus présentés parois-

nature vierge et primitive dont les effets sont beaux et intacts; c'est celle-là qu'il faut principalement vous attacher à con-

---

sent répondre entièrement à cette question, puisqu'ils offrent tout à la fois l'économie dans l'exécution et la facilité de l'entretien qui s'y consolide par les mêmes voitures, qui ne cessent de le dégrader partout ailleurs; et qu'enfin, comme ils sont, avec toute justice, uniquement payés par ceux qui s'en servent, ils ne coûtent rien ni au peuple ni au gouvernement, que le soin de faire observer exactement les clauses des *adjudications au rabais* des différentes parties de ces routes, sous les peines y portées; et loin que les droits médiocres et fixés sur un tarif affiché sur les poteaux de ces barrières, excitent le mécontentement des voyageurs et du commerce, il leur procure au contraire un grand bénéfice par l'épargne des chevaux et des voitures.

Quant aux chemins vicinaux, si importans pour la valeur foncière du territoire, surtout dans les pays de petite culture, il ne faut qu'une loi simple et uniforme, suivant ce qui se pratique en Angleterre, et aujourd'hui dans le département du Calvados.

1.º Reconnoissance par toutes les communes des chemins nécessaires à leurs communications et exploitations ;

2.º Enregistrement de ces chemins, reconnus nécessaires sur les registres des communes, ceux de l'arrondissement et du département ;

3.º Tous les chemins superflus qui ne serviroient qu'à

noître et à imiter ; ce sont les endroits é-
pars que le peintre iroit chercher au loin
pour en tirer des tableaux intéresans, en
un mot, c'est la NATURE CHOISIE que vous
devez tâcher d'introduire et de disposer
dans toutes vos compositions.

Le long des grands chemins, et même

---

faire négliger l'entretien constant des chemins nécessaires ,
rendus aux propriétaires riverains et à l'agriculture ;

4.º L'entretien des chemins enregistrés à la charge des
communes réciproques , chacune sur son territoire ; et ce ,
non par le moyen funeste d'aucune imposition additionnelle ,
qui donneroit lieu nécessairement à l'arbitraire dans la répartition , à des frais de perception, en pure perte, et souvent à la déprédation ; mais par l'emploi de moyens en nature, tels que services de voitures, de bêtes de somme et de
journées de travail ; disposition qui ne pourroit être regar-
dée comme une corvée , puisque ce seroit uniquement pour
son propre usage que chacun y contribueroit ;

5.º L'agent de chaque commune chargé *spécialement*
de veiller au bon état et entretien de ses rues et de ses chemins ;

6.º Un inspecteur par chaque arrondissement , autorisé ,
après deux avertissemens successifs de quinzaine à quinzaine , à mettre des ouvriers aux frais de la commune dont
les rues et les chemins seroient en mauvais état.

dans les tableaux des artistes médiocres , on ne voit que du *pays;* mais un paysage, une scène poétique , est une situation choi- sie , ou *créée* par le goût et le sentiment (*).

____

(*) Avant de composer , l'homme de génie cherche à étudier long-temps la nature. Il en choisit les meilleurs points de vue ; il en rassemble les plus beaux traits, il se les grave dans l'imagination d'une manière si profonde , qu'il peut à chaque instant se les représenter comme s'il les avoit encore devant les yeux , et c'est de ce choix exquis qu'il se forme ce *magasin* (*) de belles idées, et , pour ainsi dire , ce BEAU IDÉAL dans lequel il puise des com- positions sublimes.

(*) L'éditeur vouloit changer le mot *magasin*, par la raison qu'il n'est pas noble ; mais l'auteur (entêté comme un auteur) n'a jamais voulu en démordre , sous prétexte que les mots françois n'avoient pas besoin d'entrer dans les chapitres d'Allemagne.

(Note de l'éditeur.)

CHAPITRE VII.

De la possibilité de tirer parti de toutes sortes de situations.

IL est sans doute des situations préférables à d'autres, lorsqu'on en a le choix ; car plus la nature a fait pour vous, moins elle vous laisse à faire ; mais il n'en est point qui n'ait son mérite particulier ou son trait distinctif. Celui de l'une sera dans la variété et le jeu du terrain ; celui de l'autre, dans le brillant des eaux. Telle situation réjouira par le spectacle animé d'une population nombreuse ; telle autre plaira par la richesse et l'abondance de ses productions. C'est à bien saisir, à développer, et à présenter avec avantage le mérite de chaque chose, que consiste le talent. Le terrain est comme la toile sur laquelle se doit faire un tableau ; s'il y a des choses mal faites, il faut les effacer ou les cacher ;

si elle est vide, il faut la remplir entièrement; s'il y a des choses bien faites, il faut
les conserver et suppléer le reste. Conten-
tez-vous donc toujours de ce que la nature
vous donne, sachez vous passer de ce
qu'elle vous refuse, et ne vous découra-
gez pas pour cela. La nature a fait pour
tout le monde : le plus souvent un bel
homme, ou une belle femme, ne sont que
des effigies, des beautés statuaires; la plus
grande laideur d'une physionomie, c'est
de manquer de mouvement et d'esprit,
comme celle d'un terrain d'être enfermé
par des murailles, et d'être défiguré par la
règle et le compas.

La situation, sans contredit, la plus
difficile à traiter, seroit une plaine parfaitement plate et dénuée d'eau, telle que
la plupart de celles aux environs de Paris.
Mais encore y a-t-il des villages, des villes,
des montagnes à l'horizon, et toujours
quelques collines ou quelques vallons formés par l'écoulement des eaux. Qui vous

empêche donc de bien choisir vos fonds et vos lointains, puisque vous en avez de tous côtés en abondance? de bien former votre cadre, vos plans de devant avec des plantations, et de vous bien lier au caractère et au spectacle général de la culture? Derrière le cadre de votre grand tableau, tous les bâtimens nécessaires à votre usage pourroient vous fournir autant d'objets de promenades, et de petits tableaux dans les détails.

Autour de vos écuries, cachées en partie par des arbres dans un vaste enclos, vos chevaux pourroient s'ébattre en liberté sur le gazon; une fontaine ou bien un abreuvoir, avec quelques groupes d'arbres bien disposés, pourroit fournir la composition d'un assez joli tableau.

Dans un bois taillis, entouré de palissades, vous pourriez arranger une ménagerie où tous les animaux seroient ou paroîtroient en liberté; au milieu du bois, une cabane rustique y serviroit de logement à la ménagère.

Un verger, avec un gazon fin, ou de beaux groupes d'arbres et de pampres entrelacés, offriroit tout à la fois les dons de Bacchus et ceux de Pomone; les variétés d'une pépinière sans alignement, les enclos de culture, ceux des jachères où seroient les bestiaux, le tableau de la ferme, celui de la laiterie, un potager maraîcher, avec une maison de jardinier pittoresque, pourroient vous offrir successivement des objets intéressans. En se rapprochant de la maison, vous pourriez trouver au milieu d'un bois d'arbustes un joli jardin de fleurs, où les buissons bien disposés feroient place à une petite maison servant d'asile à ce lieu parfumé.

Un jardin d'hiver, composé de tous les arbres et arbustes toujours verts, pourroit, du côté du midi, n'être séparé du salon d'hiver que par une serre chaude, qui, dans cette saison, présenteroit de l'appartement l'illusion de la température et des couleurs du printemps ; la masse du bâtiment de la serre chaude, avec des plantations bien disposées, pourroit former un joli tableau. En été, les chassis de la serre, qui seroient supportés sur une colonnade, pourroient s'enlever, et laisser, au milieu d'une rotonde découverte, s'exhaler en liberté les parfums des orangers, qui, par ce moyen, resteroient toujours plantés en pleine terre. C'est surtout dans ce tableau, que la couleur et la forme étrangère des arbres permettroient d'introduire, avec vraisemblance, quelques petits temples d'un style simple, ou autres *fabriques* (*) de ce genre, telles que des urnes, des obélisques, monumens consacrés à l'amitié et à la reconnoissance,

____

(*) On appelle *fabriques*, en terme de peinture et d'architecture, tous les bâtimens et constructions quelconques : c'est le mot générique.

ou des tombeaux de grands hommes, dont le souvenir est toujours précieux à rappeler.

Ajoutez que vous pourrez faire, tout autour de votre enclos, un bocage et des asiles charmans, dans un vallon solitaire et sombre, et cela, par un moyen fort aisé dans presque tous les pays de plaines. Pour cet effet, vous n'avez qu'à faire creuser tout autour de votre enceinte un fossé tortueux sans talus, avec une pente suffisante dans le fond pour y détourner les ravines; le cours des eaux aura bientôt rompu les formes du terrain, et produit toutes sortes de sinuosités naturelles. Alors, du côté extérieur, garnissez bien l'escarpement du ravin de toutes sortes de bois impénétrables, et, pour plus grande sûreté, mettez-y encore, si vous voulez, une bonne palissade à pointes ; ensuite, par toutes sortes de mouvemens de terrain, toutes sortes de plantations soigneusement disposées, tantôt composées d'ombrages épais, qui forment des berceaux au-dessus de la tête, tantôt par des plantations plus claires qui admettent quelques rayons de lumière, vous serez le maître de jeter dans ce vallon beaucoup de variétés. Une grotte, une cellule, un petit hermitage, peuvent convenir dans les endroits les plus retirés et les plus sauvages; et si, par hasard, il se trouve tout naturellement dans votre enclos, un autre vallon auquel celui que vous avez fait corresponde; si dans ce vallon naturel, comme il y a apparence, les pentes se trouvent plus douces, le tapis d'une verdure plus fraîche, et qu'il soit entouré d'un joli bois, c'est dans le fond de cet asyle de tendresse et de solitude que peut se trouver la cabane de Philémon et Baucis. Une habitation en plaine, où la plus grande partie de l'intérêt et des soins roule sur la ménagère, est plus particulièrement faite pour des époux qui ont mêmes soins. et mêmes peines; et c'est à la tendresse

conjugale que ce lieu doit être particulièrement consacré.

Un parc symétrique, renfermé de murs
comme une prison, obstrué de tous côtés
par des murailles de charmille qui, en ne
laissant aucun passage, ni aux rayons du
soleil, ni aux vents, pour balayer les vapeurs, rendroient ce lieu triste, humide,
et malsain, vous paroîtroit, peut-être,
un sujet plus difficile à traiter, qu'il ne l'est
en effet ; car, en montant sur le haut de la
maison avec le peintre, vous pouvez choisir tout ce qui vous convient, regarder
comme non-avenu, tout ce qui vous dé-
plaît ; et ce que vous conserverez, vous
donnera l'avantage de plantations toutes
venues. Le meilleur parti est de tâcher de
faire entrer dans l'abattis de la grande
découverte toutes les allées droites qui
pourroient être vues de la maison, sur-tout
si les bois sont vieux ; car, en cherchant à
les masquer, vous ne pourriez jamais en
effacer suffisamment les lignes, et les ou-

vertures, avec de jeunes plantations. Quant aux pates-d'oie, étoiles, lunes, demi-lunes, etc. qui peuvent se trouver dans les massifs, derrière le cadre de vos grands tableaux, vous les remplirez de bois, ou en disposerez suivant la convenance de vos détails.

Dans tous les terrains où il y a des montagnes, il y a toujours des vallées et ordinairement de l'eau; ainsi vous y trouverez tous les matériaux les plus importans; c'est à vous de les bien employer.

Les montagnes sont, en général, d'un très-grand avantage pour une belle composition, puisqu'elles appartiennent toujours à un pays *tourmenté*, susceptible par conséquent de beaucoup de variétés. Les profondeurs des vallées sont ordinairement arrosées par des cours d'eau; les sommités et les revers offrent sans cesse des pays différens, souvent des chutes d'eau tombant des montagnes, où des rochers peuvent fournir de très-grands effets.

Je ne vois guère que trois circonstances où les montagnes pourroient vous donner un peu d'embarras.

1°. Si les montagnes se resserroient de manière à ne laisser entr'elles, devant votre maison, qu'un vallon étroit et marécageux sans aucun lointain : cette situation seroit sans doute un peu solitaire ; mais vous en pourrez néanmoins tirer des tableaux très-intéressans. Le desséchement de votre marais formeroit aisément dans le vallon un ruisseau ou petite rivière qui, tantôt s'approchant, tantôt s'éloignant de l'escarpement du terrain, pourroit recevoir successivement la réflexion des objets, soit *fabriques,* rochers ou masses de bois, qui, en se peignant dans les eaux, caractériseroient encore plus fortement les diversités et les formes des montagnes. Je suppose que l'escarpement du côté du nord seroit planté de bois épais, pour abriter de la fureur des vents cette situation paisible ; l'escarpement du midi pourroit être planté de masses plus claires, à travers lesquelles, sur la pelouse de bruyère et de serpolet, se joueroient de nombreux troupeaux ; peut-être une petite source s'échapperoit-elle de la montagne entre quelques masses de rochers qui serviroient de base à un petit temple dédié à l'amour, à l'amitié, ou à la liberté. Il seroit caché en partie sous les noirs ombrages d'un bois d'ifs ou de sapins ; et toute cette masse, réfléchie dans les eaux de la rivière ou d'un petit lac qui seroit au pied, pourroit former le second ou le troisième *plan* sur l'un des côtés de votre tableau ; tandis que de l'autre, à l'extrémité des pâturages, une cabane de bergers dans l'éloignement et la sinuosité du vallon, se perdant tout à fait avec le cours du ruisseau derrière le tournant croisé des montagnes, vous fourniroit un lointain caché, et, pour ainsi dire, *mystérieux*, toujours plus intéressant pour l'imagination, qu'un lointain *découvert* ne peut l'être pour les yeux. Qu'une telle situation conviendroit bien pour rappeller le souvenir du bonheur des premiers hommes dans l'heureuse Arcadie ! surtout si ceux qui la posséderoient, savoient en jouir et se suffire à eux-mêmes.

2°. Les montagnes sont-elles fort voisines d'un des côtés de la maison ? Elles peuvent faire, par la majesté de leurs masses couvertes de bois, les *devans* d'un paysage de *grand style* (*).

3°. Les montagnes se trouvent-elles à une très-petite distance en face de la maison ? C'est le cas d'en planter les sommités ou de disposer les bois en amphithéâtre, de manière à faire valoir toutes les inégalités du terrain. Peut-être au pied de la montagne, pourrez-vous vous procurer un lac ou une rivière, dans laquelle viendroient se jeter plusieurs chutes d'eau, se précipitant de la montagne. Croyez-vous qu'un pareil avant-scène, réfléchi dans la

---

(*) On appelle *style*, dans les arts, les différens caractères de composition ; on dit style noble, style élégant, etc.

pièce d'eau au-dessous, ne seroit pas un beau plan de devant pour repousser la vue sur le paysage de la vallée, et sur les lointains que vous pourriez prendre tout à fait sur le côté de votre horizon? Car, loin que ce soit un avantage de prendre en face le point de perspective, plus vous le reculerez sur les coins de votre tableau, plus la perspective sera éloignée (*).

Si néanmoins l'effet du tableau principal n'est absolument praticable que de manière à être obligé de sortir, et à faire un quart de conversion pour en jouir ; en ce cas, vous auriez plutôt fait, à la suite de l'appartement, d'ajouter un salon de compagnie, dont la forme extérieure, ornée de masses d'arbres bien disposées, pourroit se composer agréablement; et qui seroit tourné de manière à jouir avantageusement des paysages qu'offriroit alors tout natu-

____

(*) Par la raison que la diagonale est plus longue que la perpendiculaire du carré.

rellement le cours de la vallée: comptez que ce parti seroit bien plus facile et bien moins dispendieux, que de culbuter tout votre terrain à tort et à travers.

Il est encore un autre point de difficulté sur lequel vous devez vous rassurer, c'est celui des chemins publics qui traverseroient votre composition; loin d'y être un inconvénient, soyez sûrs qu'ils animeront au contraire vos paysages. Plus ils passeront près de votre maison, plus elle paroîtra habitée, plus ce sera pour vous un objet de récréation continuelle. Un fossé rempli d'eau, ou revêtu de pierres, peut toujours vous en séparer pour la sûreté, et ne point vous en séparer pour l'agrément de la vue, et la liaison avec les objets au delà. D'ailleurs, pourvu que votre potager, et les endroits les plus intéressans de votre possession soient à couvert, quel tort peut-on vous faire dans les endroits totalement rustiques ou champêtres? Au reste, vous pouvez, si vous voulez, séparer votre composition en autant d'enclos qu'il y a de traversées de chemin, et donner à ces enclos, suivant la nature du pays, des caractères différens. Je me suis divisé chez moi en quatre enclos, celui de la forêt, celui du désert, celui de la prairie, et celui de la métairie, qui comprend toutes les cultures ; mais à l'exception de ce dernier, dans les trois autres, je ne me suis défendu que contre les bêtes de la capitainerie, ils sont ouverts aux hommes : le tableau de la nature appartient à tout le monde, et je suis bien aise que tout le monde se regarde chez moi comme s'il étoit chez lui.

CHAPITRE VIII.

De la convenance de ce genre pour toutes sortes de propriétaires.

Avez-vous jamais vu des paysages de *Nicolas Poussin*, de *Sébastien Bourdon*, de *Pierre-Paul Rubens*, de *Gaspre Poussin*, de *Claude Lorrain*, de *Richard Wilson*, de *John Smith*, de *Francisco Zucarelly*, de *Salvator Rose*, de *Paul Brill*, d'*Antoine Vatteau*, de *Nicolas Berghem*, d'*Herman d'Italie*, de *Paul Poter*, de *Teniers le jeune*, etc.? Vous ne douterez certainement pas qu'il n'y ait des paysages pour toutes sortes de situations, de maisons et de personnes de quelques qualité et condition qu'elles puissent être, ainsi que pour toutes sortes de terrains de quelque dimension qu'ils soient; car, il en est du plus petit terrain, pourvu qu'il ne soit pas enfermé de tous côtés par des bâtimens élevés, comme d'une petite tour; on y peut faire avec peu de choses un joli *tableau de chevalet*.

Lorsque vous aurez bien senti qu'il y a des paysages de toutes sortes : *paysages héroïques, nobles, riches, élégans, voluptueux, solitaires, sauvages, tendres, mélancoliques, tranquilles, frais, simples, champêtres, agrestes, rustiques*, etc., vous serez bien convaincu alors qu'il n'est pas besoin d'avoir recours à la féerie ou à la fable, qui sont toujours autant au-dessous de l'imagination, que le mensonge l'est de la vérité; non plus qu'aux machines, qui manquent toujours leur effet; ni aux décorations de l'opéra, qui montrent toujours la corde.

Les palais des princes et des rois pourroient être environnés de paysages héroïques; des groupes d'arbres majestueux, ornés des trophées de leurs victoires; de vastes étendues d'eau; des fabriques du plus grand style, ornées extérieurement ou intérieurement de statues superbes, pourroient caractériser tous les plans du tableau, tandis qu'une vaste découverte, et de riches lointains donneroient à tout l'ensemble l'effet le plus majestueux.

Puisque ce genre peut convenir aux palais des princes, à plus forte raison, dans l'extrême variété dont il est susceptible, chacun pourra trouver facilement ce qui conviendra le mieux à ses facultés, à sa situation et à son goût (*).

(*) Comme il y a certainement plus de variétés dans l'ordonnance générale de la nature, que dans une division particulière, en *parcs*, *jardins*, *ferme*, *et même pays* (car comme je l'ai dit plus haut, un pays n'est pas un paysage), qu'importent tous les noms particuliers que le maître voudra donner à son habitation? Dans l'ordre pittoresque, tout doit être paysage, et tout ce qui ne rend pas le tableau d'un paysage, est sans goût et sans effet.

CHAPITRE IX.

De l'Imitation.

Les poëtes, les peintres, les musiciens, et les acteurs, ne sont que trop sujets à s'imiter les uns les autres. Dans tous les arts d'imitation, il n'est néanmoins qu'un seul maître à imiter, c'est LA NATURE. Les grands génies ont toujours suivi cette route ; les petits ont suivi la routine ; quand vous n'aurez fait que copier d'après un autre, vous serez bientôt dégoûté de votre propre ouvrage ; car la copie est toujours bien inférieure à l'original. D'ailleurs il en est des situations comme des physionomies ; quoiqu'il y en ait qui paroissent se ressembler, la ressemblance ne se soutient guère en face : n'imitez donc pas même le jardin de votre voisin le plus proche ; car, dans les détails particuliers de chaque terrain, l'un aura des vallons, l'autre des collines. Un lointain conviendra à la composition de l'un, un lointain différent à la composition de l'autre ; joignez à cela la différence de l'étendue et des proportions du tableau relativement à la masse, au genre de la maison, à l'état ou aux facultés différentes des propriétaires ; joignez à cela que le même terrain peut recevoir une infinité de compositions diverses ; à plus forte raison, les compositions d'un pays de montagnes ou d'un pays aquatique, conviennent-elles encore moins à un pays plat ou à un pays sec. D'ailleurs, quelle différence d'intérêt, lorsque la situation de l'un ne sera pas celle de l'autre, et lorsque tout un pays se trouvera orné d'une infinité de tableaux et de paysages divers, qui feront tout à la fois le charme des propriétaires et des spectateurs ! On pourroit, sans doute, trouver de plus grands sujets d'étonnement dans ces prodigieux caprices de la nature, par lesquels elle semble vouloir *rapetisser* l'homme et les efforts de l'art ; on pourroit sans doute être frappé par l'aspect de ces piles énormes de rochers entassés les uns sur les autres, et le spectacle imposant de ces vastes montagnes, s'élevant au-dessus des nuées, les unes entr'ouvertes par les feux souterrains, et les autres fracassées par l'impétuosité des torrens, dont les mugissemens menacent de nous entraîner ; mais, en fort peu de temps, la solennité et la sévérité de pareils aspects deviendroit pénible : les grands objets sont comme les grands seigneurs ; tout ce qui est disproportionné est bientôt fatigant ; c'est avec les bonnes gens et les objets doux qu'il faut vivre.

CHAPITRE X.

Des Plantations.

APRÈS avoir traité de l'ensemble, des détails et des convenances, après vous avoir montré les inconvéniens d'une servile imitation, je dois vous parler à présent des différens matériaux du paysage, ainsi que du caractère des différentes situations. Les différens matériaux qui entrent dans la composition du paysage, sont les plantations, les eaux et les *fabriques*. Les rochers ni les montagnes ne sont pas à la disposition de l'homme, et les petits remuemens de terre ne valent jamais les grandes dépenses qu'ils causent.

Je commencerai donc par les plantations, parce que les bois sont la plus noble parure de la terre ; et que leurs ombrages en sont l'asile le plus naturel et le plus agréable.

Je me garderai bien d'entrer, à cet égard, dans les détails minutieux du jardinage anglois sur les massifs ouverts ou fermés, sur les groupes et les arbres isolés, les évergrines (*), etc. Tout cela ne serviroit qu'à faire de la confusion dans votre tête, et sur votre terrain.

L'emploi de toutes les plantations, relativement à l'*effet pittoresque*, ne consiste que dans cinq objets principaux.

1.º Celui d'établir des plans de perspective, ou coulisses d'avant-scène, qui lient les fonds les plus agréables du pays au point de vue de votre habitation ;

2.º A former des *plans* d'élévation qui puissent donner beaucoup de relief même à un terrain absolument plat ;

5.º A cacher tous les objets désagréables ;

(*) Les évergrines sont les arbres qui restent toujours verts, tels que les sapins, les buis, les ifs, les lauriers, etc.

4.° A donner plus d'étendue aux objets intéressans, en dérobant leurs extrémités derrière des massifs de plantations ; ce qui donne lieu à l'imagination de prolonger les objets au delà du point où on les perd de vue ;

5.° A donner des contours agréables à toutes les surfaces des eaux et du terrain.

Les arbres sont en général de trois espèces.

1.° Les arbres forestiers et de grande masse, tels que le chêne, le hêtre, l'orme, le chataignier, etc. ;

2.° Les arbres aquatiques, tels que les peupliers, les aulnes, etc. ;

3.° Les arbres montagnards, tels que les bouleaux, les pins, les cèdres et genévriers, etc.

Quant au choix des arbres, c'est, comme je vous l'ai déjà dit, le tableau de votre composition qui doit vous le dicter ; mais, en général, il est presque toujours à propos de placer de grandes masses, et des arbres forestiers sur le devant, parce que plus *les devans* de la composition sont élevés et vigoureux, plus le tableau produit un grand effet de perspective.

Il s'est introduit deux idées au sujet des plantations contre lesquelles je dois vous mettre en garde, avant de quitter cet article : celle des nuances des arbres, et celle des arbres étrangers.

Jamais les nuances des arbres ne peuvent être senties distinctement que dans un petit *jardin à fleurs* (*). Dans l'éloignement, et dans le paysage, ce sera bien moins du choix des arbres, que de l'effet de la lumière, que résultera la diversité des couleurs : c'est donc à la lumière qu'il faut laisser le soin de cette variété ; elle en produira plus tout naturellement que le meilleur jardinier, avec bien du tourment.

(*) C'est ce qu'on appelle en Angleterre, *pleasure garden : jardin de plaisance.*

Quant aux arbres étrangers, non seulement ils sont très-difficiles et très-chers à élever, encore plus difficiles à conserver; mais ils se lient toujours mal avec les arbres du pays. La nature a placé dans chaque endroit ce qui lui convient le mieux. Les peupliers, les aunes et les saules auprès des eaux, les ormes et les sapins dans les prairies, les chênes et les hêtres dans les forêts, les pins et les cédres dans les rochers et les terrains stériles, les arbres fruitiers dans les terrains fertiles; et ce ne sera jamais impunément que vous contrarierez les dispositions de la nature.

CHAPITRE XI.

Des Eaux.

LA disposition et la forme des eaux dans l'ensemble de votre composition doivent être dictées d'abord par la facilité de leur arrangement, par la vraisemblance de leur emplacement, par la pente générale du terrain, et surtout par l'effet qu'elles doivent produire dans votre tableau général. Leur étendue doit être proportionnée à l'espace où elles doivent figurer ; une large rivière n'est pas nécessaire dans un bois, mais un petit ruisseau feroit un effet mesquin dans une grande plaine.

Comme les eaux, suivant leurs différentes espèces, s'accordent plus ou moins bien avec les objets environnans, il est bon d'en connoître les différens caractères pour les employer à propos, et surtout dans les détails, où leur effet et leur forme relative ne sont pas dictés précisément par l'ordonnance du grand ensemble.

Relativement à l'*effet pittoresque*, les eaux peuvent être divisées en cinq espèces :

Les cascades écumantes,

Les cascades suaves,

Les eaux rapides,

Les rivières,

Les eaux calmes.

Les cascades écumantes sont celles où les eaux se précipitent violemment et en grande abondance. Ces sortes de cascades forment une grande masse blanche semblable à la chaux qui bouillonne. C'est pour cette raison que ce genre de cascade ne peut jamais faire un bon effet que sur un fond de rochers, ou sur un fond de ciel. Si, néanmoins, leur situation vous oblige à les employer dans un bois, il est à propos de les placer dans un renfoncement, et de disposer quelques masses d'arbres en avant, afin de répandre un demi-jour sur ces eaux trop blanchâtres ; car si vous placez de pareilles cascades en avant d'un fond noir, leur couleur d'un blanc mat ne manqueroit pas de faire une tache désagréable dans le paysage.

Les cascades suaves n'étant au contraire composées que de lames d'eau peu épaisses et transparentes, qui laissent apercevoir en dessous, et dans leurs intervalles, les fonds mousseux et verdâtres qu'elles arrosent, ces sortes de cascades reçoivent toujours un ton de couleur locale, qui s'accorde d'elle-même avec les objets qui les environnent, de quelque nature qu'ils soient : ce qui fait qu'excepté dans les paysages d'un grand genre, ces sortes de cascades sont toujours plus aimables, d'un accès et d'une jouissance plus facile, que ces grands fracas qui commencent par effrayer, et finissent par étourdir.

Les eaux rapides conviennent au pied des montagnes escarpées, dans les vallons étroits, et dans les bois où le terrain est

inégal ; le moindre petit ruisseau qui murmure sous des ombrages est toujours d'un
effet intéressant.

C'est au pied des côteaux, dans les vallées et dans les prairies, dont elles rafraî-
chissent la verdure, que *les rivières* ser-
pentent le plus naturellement. Mais quelqu'agréables qu'elles puissent être dans
l'étendue d'un pays, elles sont sujettes, en
général, à beaucoup d'inconvéniens dans
l'enceinte d'une habitation. Lorsque les rivières sont naturelles, elles sont presque
toujours sujettes aux inondations, ou difficiles et dangereuses pour la navigation ;
lorsqu'au contraire elles sont factices, si
vous en disposez le cours de manière qu'il
se prolonge en avant du point de vue de la
maison, le raccourci de la perspective fait
souvent paroître, comme autant de festons
désagréables, les sinuosités des bords ; si
au contraire vous voulez lui donner des
directions transversales à très-peu de distance de la maison, vous n'apercevrez

point d'eau. D'ailleurs, vous aurez à sur-
monter la grande difficulté de donner aux
bords de votre rivière factice des contours
agréables et vraisemblables; ensuite celle
d'en dissimuler le commencement et la fin;
enfin celle de continuer long-temps son
cours sur le même niveau, ou bien de le soutenir par des retenues, qui paroîtront comme autant de digues de petits étangs, si à
chaque retenue le volume n'est pas suffisant
pour former de belles nappes d'eau; ajoutez
à cela que, pour peu que les eaux soient
sales, elles auront l'air de croupir plutôt
que de courir. Ces différens obstacles, et
plusieurs autres encore, qui ne manque-
ront pas de se rencontrer dans l'exécution
et dans la main-d'œuvre, sont autant d'é-
cueils au succès des rivières factices. Il est
néanmoins des circonstances, où, lorsque
les niveaux ne s'y opposent pas, la forme
d'une rivière convient mieux à l'effet du
paysage et au caractère de la situation;
comme, par exemple, lorsqu'il est ques-

tion d'embellir une large vallée composée de vastes prairies, ou de dessécher des marais malsains.

Pour que le cours des rivières factices puisse être vraisemblable, il est absolument nécessaire que les eaux paroissent couler dans l'endroit le plus bas du terrain, de manière que la pente continue jusque sur le bord; mais si le cours de votre rivière s'étend dans un espace découvert, ayez soin que les progressions des eaux soient longues, les sinuosités douces et peu fréquentes, et que les tournans en soient d'une saillie bien décidée. Il est bon, autant qu'il est possible, de conduire votre rivière à la lisière des bois; cela sépareroit, d'une manière plus naturelle et plus commode, les prairies et les pâturages, d'avec vos plantations les plus intéressantes, et vous procureroit en même-temps une promenade charmante entre des ombrages qui s'étendroient jusque sur le bord des eaux.

Une autre condition essentielle à l'effet d'une rivière factice, c'est d'en cacher soigneusement le commencement et la fin. La manière la plus naturelle et la plus simple, est d'en enfoncer les extrémités dans des bois ou derrière des montagnes ; lorsque la pente et le volume d'eau sont suffisans ; un moulin est encore une manière de la terminer, d'autant plus heureuse qu'elle réunit en même temps l'agréable et l'utile.

Au défaut de ces moyens, on peut chercher différentes ressources, comme de faire sortir les eaux de dessous des rochers, et de construire, à l'endroit où se termine votre rivière, un pont de pierre dont les arches seront bouchées. L'obscurité produite par le renfoncement des voûtes sous les arches, empêchera qu'on n'aperçoive que l'eau ne passe pas réellement à travers, et, si vous entourez ce pont avec des bois épais, ou si vous construisez dessus une *fabrique*, on n'apercevra pas, même en y passant, la discontinuité du cours de l'eau (*). Ces dernières ressources sont un peu forcées, mais tel est l'inconvénient des choses artificielles.

Les eaux calmes sont les sources, les pièces d'eau, les étangs et les *lacs* (*) ; ces sortes d'eaux sont celles qui offrent le plus de facilité dans la composition. On est absolument le maître, sans choquer la vraisemblance, de disposer de leur situation, de leur forme, de leur étendue et des ornemens de leurs bords, conformément à la seule convenance de l'effet général ou par-

---

(*) On avoit pratiqué cette méthode à Paris sur les ponts au Change, Notre-Dame, Marie, etc., avec tant de succès, qu'on y avoit parfaitement *dissimulé* le cours de la Seine.

(**) Lorsqu'une pièce d'eau, de plusieurs arpens d'étendue, est formée par une rivière, ou des sources qui la renouvellent sans cesse, on l'appelle alors un *lac* eu terme de composition, tant pour la distinguer d'un étang, dont la dénomination présente l'idée d'une eau plus stagnante, que parce qu'une telle pièce d'eau est au moins dans la proportion de l'étendue d'un jardin , ce que le plus grand lac est dans la proportion de l'univers.

ticulier ; la tranquillité même de ces sortes d'eaux peut devenir un avantage, en vous offrant une réflexion plus nette des plus beaux objets de votre tableau. D'ailleurs, la chute du *trop plein* de votre lac pourra facilement vous fournir dans les détails, par une ou plusieurs cascades, la naissance d'un joli ruisseau, dont les sinuosités, les accidens multipliés, et le cours sous l'ombrage mystérieux des bois, sont toujours d'une jouissance bien plus intéressante, que celle d'une rivière au milieu d'une plaine.

CHAPITRE XII.

Du cours des Vallons, du jeu du Terrain et des mouvemens de la Lumière.

LES eaux sont, à la vérité, ce qui anime le plus un paysage, parce que c'est, de tous les objets de la nature végétale, celui qui y donne le plus de mouvement, soit par le bruit des chutes précipitées, soit par la progression de son courant, que l'imagination prolonge encore, lors même qu'il échappe à la vue, soit encore par l'effet de la transparence, qui les fait servir de miroirs aux objets voisins. Néanmoins, malgré tous ces avantages, indépendamment de tous les inconvéniens auxquels les eaux soit naturelles, soit factices, vous exposent souvent, soyez bien persuadé qu'il vaut beaucoup mieux ne point avoir d'eaux, que d'en avoir de vilaines. L'idée de mouvement que donne la progression du cours des eaux peut se suppléer très-agréablement, par les différentes formes.du terrain et la progression du cours des vallons, qui excite toujours l'imagination à les suivre, et les jambes à les parcourir, dans l'espérance des objets nouveaux qu'on espère y rencontrer ; la réflexion des objets voisins s'opère aussi d'une manière très-intéressante sur la surface des tapis de verdure. Les arbres et les *fabriques* se tracent, en ombres infiniment légères et transparentes, sur le glacis de la rosée du matin et du soir ; et si les formes du terrain, les masses des plantations, les différens *plans*, les fuyans de la perspective, et les *coups de jour*, sont ménagés dans votre composition, de manière à donner beaucoup de jeu aux différens effets de la lumière, qui est elle-même un *fluide* encore plus rapide et plus diversement coloré que le *fluide aquatique*, vous serez vous-même étonné de la variété continuelle que jetera, dans votre paysage, le libre cours de la lumière ; et, pour peu que vous y joigniez le mouvement des passans et celui des animaux, lorsque vous rencontrerez ensuite, sur votre chemin, tant de petites eaux faites à grands frais, loin d'en regretter la privation, vous aurez souvent lieu de vous applaudir de n'être pas exposé, en pure perte, aux tourmens et aux dépenses qu'entraînent toujours mal à propos les choses forcées.

CHAPITRE XIII.

Des Fabriques, ou Constructions quelconques.

IL seroit inutile de vouloir indiquer en détail tous les différens genres de *fabriques* qu'on peut employer dans les paysages, puisque le choix en dépend absolument de la nature de chaque situation, et de l'analogie avec les objets environnans ; mais, pour contribuer à fixer vos idées sur l'art des constructions, art dans lequel vous serez sans doute surpris que ceux même qui ont eu les meilleurs modèles sous les yeux, se soient aussi prodigieusement écartés des vrais principes ; je pense qu'il est bon de vous développer ceux qui devroient être la base de toute construction quelconque (*) :

____

(*) Ce qui a retardé le plus jusqu'à présent les progrès du goût dans les bâtimens ainsi que dans les jardins, c'est la mauvaise pratique de prendre l'effet du tableau dans le

Ces principes sont :

1.º La convenance locale ;

2.º La convenance particulière ;

3º. La distance du point de vue ;

4.º Le caractère de la destination ;

5.º L'effet pittoresque de l'ensemble relativement à la masse, au genre du bâtiment et aux objets qui l'environnent.

La convenance locale doit toujours être déterminée par la situation où on place le bâtiment : une fabrique sur une montagne ou dans un fond, dans un grand ou dans un petit espace, sur le bord des eaux ou dans un bois, ne doit point être dessinée sur la même forme.

La convenance particulière doit toujours être dictée, pour la masse extérieure et les distributions intérieures, par l'état et le genre de vie de ceux pour lesquels un bâtiment est construit ; la maison d'un

---

plan géométral, au lieu de prendre le plan géométral dans l'effet du tableau ; car c'est à la peinture à composer, et à la géométrie à construire.

particulier ne doit pas présenter la magnificence d'un palais, comme un palais ne
doit point avoir la pesanteur d'un corps
de casernes ou de manufactures.

La distance du point de vue varie tellement les proportions, que si l'édifice est
de quelqu'importance, on ne peut jamais
avoir une idée bien juste de l'effet qu'il
procurera sans en figurer auparavant l'élévation. On est tous les jours étonné de
voir qu'à cet égard toutes les règles de la
théorie et de l'architecture sont insuffi-
santes, et ne garantissent pas des erreurs
les plus essentielles. Si la distance du point
de vue est éloignée, et qu'on veuille produire un effet considérable, il faut absolument préférer les ordres les plus lourds,
et surtout donner aux colonnes (*) une
très-grande saillie sur des fonds très-sim-

______

(*) Quand je parle de colonnes, je n'entends jamais parler
que de celles qui montent de fond : la colonne étant faite,
dans son principe, pour porter le faîtage du bâtiment, toute
colonne portée est un monstre.

ples, afin que l'ombre portée les détache vigoureusement; encore pourroit-on se voir souvent obligé de renoncer à l'allégement du fût de la colonne, et de choisir l'ordre grec cannelé, lequel, n'ayant point de base, devient plus aisément susceptible de toutes les différentes proportions que peut exiger la convenance de la perspective. J'ai vu des colonnes d'ordre toscan, n'ayant que la moitié de la hauteur prescrite, ne pas paroître trop courtes à la distance d'environ 100 toises. Aussi l'ordre grec réussit-il mieux dans le paysage que tout autre, tant parce que la colonne n'ayant pas de base, se plante et se lie mieux à l'œil avec le terrain, que parce que ses proportions, indépendantes des *us et coutumes de Paris*, se rapprochent davantage de la construction primitive, et par conséquent de la nature.

Le caractère de la destination doit annoncer au premier coup d'œil l'objet pour lequel un édifice a été ordonné. La

majesté, l'unité du style, une noble simplicité : tels doivent être les principaux caractères d'un temple. C'est dans les palais
des princes qu'on doit employer la magnificence et les chefs-d'œuvre des arts. La
noblesse est le caractère des châteaux, l'é-
légance convient aux maisons des femmes,
la gentillesse et la propreté aux maisons
des particuliers, la simplicité aux maisons
des champs. Cette même règle doit, à plus
forte raison, s'appliquer à tous les édifices
publics. Les tribunaux de la justice sont
faits pour avoir l'air imposant ; c'est par
de grands escaliers que le peuple doit
monter aux vastes portiques dans lesquels
il s'assemble pour entendre les arrêts ; les
archives doivent être incombustibles, les
manufactures solides. Les ponts de pierre (*) doivent former de hautes arcades en

____

(*) Quant aux ponts de bois , comme ils ne se lient bien
qu'avec la verdure, et se raccordent toujours mal lorsqu'ils
sont contigus à la pierre, ils ne peuvent être agréables que
dans le paysage , où leur effet doit être plus ou moins rustique, suivant le caractère local.

plein ceintre, parce que c'est la forme la plus parfaite pour la beauté, la plus convenable à la solidité, et la plus commode pour la navigation. Les places publiques doivent être vastes, offrir de beaux points de vue, et des communications commodes pour les différens quartiers de la ville. C'est là que doivent être principalement disposées les salles de théâtres, les bibliothéques, les académies publiques, et surtout de belles fontaines qui fassent tout à la fois l'ornement et la commodité des villes. Les rues doivent en être larges avec des arcades, ou au moins des parapets des deux côtés, sur lesquels les citoyens raisonnables puissent être à l'abri des boues, et de l'extravagance; les maisons particulières devroient être basses, d'une part pour être moins exposées à l'ébranlement, et de l'autre pour laisser à l'air et au soleil le moyen de dissiper les vapeurs infectes et malsaines. La situation la plus convenable aux maisons de santé, aux instituts de la jeunesse, et aux casernes, est près la porte des villes, afin de leur procurer des places d'exercice, et l'avantage de la salubrité; enfin c'est toujours hors des murs que devroient être placées les tombes et les sépultures. La manière qu'avoient les anciens de déposer la cendre des grands personnages dans de belles campagnes, étoit sans doute une idée sublime. C'étoit un moyen d'en rappeler la mémoire d'une manière intéressante, au lieu du dégoût repoussant que produisent ces lugubres cimetières, dépôts de cadavres et de pourriture, et qui ne servent au milieu des villes qu'à empoisonner les vivans.

Tout au rebours de ces principes, nous avons fait des arches plates, des voûtes plates, des façades plates, et des combles lourds qui défigurent toutes les proportions du bâtiment; combles dont la charpente énorme expose à des frais et à des incendies terribles : à travers tout cela s'élèvent des clochers d'ordre gothique et

barbare, dont les formes bizarres et poin-
tues semblent vouloir *poignarder* les
nuages, dont ils attirent en effet la foudre ;
et lorsque la rotonde et la maison carrée
existent encore en élévation, et le temple
de Jupiter Sérapis dans le plan, nous
avons toujours été notre train, et nous
avons pris de la maçonnerie pour de l'architecture, comme nous prenons tous les
jours encore des doubles croches et du
bruit pour de la musique, des *grince-
mens* de chanterelle pour des sons, des
cris pour du chant, et des châtrés pour
des voix : il ne restoit plus à l'homme,
après avoir tout mutilé, qu'à se mutiler
lui-même.

C'est par une suite de cet usage de voir
et d'entendre par les yeux et les oreilles
de l'habitude, sans se rendre raison de
rien, que s'est établie cette manière de
couper, sur le *même patron,* la droite et la
gauche d'un bâtiment. On appelle cela de
la symétrie; Le Nostre l'a introduite dans

les jardins, et Mansard dans les bâtimens ; et ce qu'il y a de curieux , c'est que , lorsqu'on demande à quoi bon, aucun *expert-juré* ne peut le dire ; car cette sacrée symétrie ne contribue en rien à la solidité, ni à la commodité des bâtimens; et, loin qu'elle contribue à leur agrément , il n'y a si habile peintre qui puisse rendre supportable dans un tableau un bâtiment tout platement symétrique. Or, il est plus que vraisemblable, que si la copie est ressemblante et mauvaise, l'original ne vaut guère mieux, d'autant, qu'en général, tous les dessins de *fabrique* font plus d'effet en peinture qu'en nature.

Le point fondamental de la symétrie, le *point milieu* aplatit nécessairement tous les objets, parce qu'il n'en laisse voir que la surface (*).

(*) Un visage parfaitement régulier seroit parfaitement immobile, comme un visage pris du *point milieu*, et peint de face, seroit parfaitement plat.

C'est donc *l'effet pittoresque* qu'il faut principalement chercher, pour donner aux bâtimens le charme par lequel ils peuvent séduire et fixer les yeux. Pour y parvenir, il faut d'abord choisir le meilleur point de vue pour développer les objets; et tâcher, autant qu'il est possible, d'en présenter plusieurs faces.

C'est à donner de la saillie et du relief à toutes les formes, par l'opposition des renfoncemens, et par un beau contraste d'ombre et de lumière; c'est dans un juste rapport des proportions, et de la convenance avec tous les objets environnans qui doivent se présenter sous le même coup d'œil; c'est à bien disposer tous les objets sur différens *plans*, de manière que l'effet de la perspective semble donner du mouvement aux différentes parties, dont les unes paroissent éclairées, les autres dans l'ombre, dont les unes paroissent venir en avant tandis que les autres semblent fuir; enfin, c'est à composer de belles masses, dont les ornemens et les détails ne combattent jamais l'effet principal, que doit s'attacher essentiellement l'architecture.

Les anciens l'avoient si bien senti, qu'ils ne se sont jamais occupés, dans leurs constructions, que de la grande masse; de manière que les plus précieux ornemens sembloient se confondre dans l'effet général, et ne contrarioient jamais l'objet principal de l'ensemble, qui annonçoit toujours au premier coup d'œil, par son genre et ses proportions, le caractère et la destination de leurs édifices.

Il est une autre sorte de *fabriques*, qu'on est tenté de regarder d'abord comme une bizarrerie. Ce sont les ruines de différentes espèces; mais, outre qu'il est possible de les arranger de manière à se procurer une habitation, ou un abri tout aussi commode que dans un autre bâtiment, on les emploie volontiers dans le paysage, par la raison qu'elles s'y lient beaucoup mieux par leur *ton de couleur*, la variété de leurs formes, et la verdure dont elles peuvent être ornées, qu'une *fabrique* neuve, qui se détache toujours durement par une couleur trop éclatante, des angles trop aigus, et des formes dont rien ne rompt la sécheresse et la symétrie. De plus, on peut encore joindre souvent à l'*effet pittoresque* des ruines, un air d'emblême, qui exerce avec plaisir l'imagination ou la réminiscence. Cependant, de quelqu'avantage que soit, en général dans le paysage, ce genre de *fabriques*, il faut bien prendre garde d'en abuser, et de mal combiner la manière de les disposer; car il en est de cela comme de toute autre chose, rien n'est bien ou mal dans ce monde, que ce qui est à sa place ou n'y est pas.

CHAPITRE XIV.

Du choix des Paysages suivant les différentes heures du jour.

COMME c'est du contraste de l'ombre et de la lumière que tous les objets de la nature reçoivent la couleur, la variété, et ce charme qui nous attire, et nous séduit au premier coup d'œil ; de là vient que chaque objet reçoit, pour ainsi dire, successivement son meilleur *coup de jour.*

Tous les objets d'un grand relief, tels que les masses d'arbres forestiers, les escarpemens des rochers, l'élévation des montagnes, et la profondeur des vallons, conviennent surtout à l'exposition du matin. C'est alors que les longs rayons du soleil levant s'étendent horizontalement sur la surface de la terre. Les reflets, ou les oppositions que la lumière reçoit par les différens mouvemens du terrain, servent à détacher fortement tous les *plans* de la perspective. C'est alors que les longues ombres et les rayons de lumière se jouent d'une manière merveilleuse sur les tapis brillans de rosée, tandis que les têtes altières des vieux arbres, les sommets des montagnes, et la cime des rochers se détachent fortement sur les couleurs douces de l'aurore. C'est donc dans l'importance des masses, dans la disposition des objets rapprochés, dans de belles oppositions d'ombre et de lumière, et surtout dans le plus grand soin à perfectionner les *devans* du tableau, que consistent principalement l'intérêt et la beauté des paysages à l'exposition du matin.

L'éclat et la chaleur du soleil élevé sur l'horizon ne peut convenir, au contraire, qu'aux objets qu'il est bon de faire briller séparément, tels que des eaux rapides ou des *fabriques* agréables. Mais c'est toujours dans une enceinte peu étendue qu'il convient de choisir et de composer les paysages du Midi, tant pour offrir par la proximité des ombrages des asiles contre la chaleur, que pour appuyer l'œil fatigué, qui ne pourroit pas soutenir long - temps l'éclat éblouissant d'un foyer de lumière trop étendu.

Lorsque la fraîcheur du soir vient étendre cette teinte douce et charmante, qui annonce les heures du loisir et du repos ; c'est alors que règne dans toute la nature une harmonie sublime de couleurs ; c'est à cet instant que *le Lorrain* a saisi les coloris touchans de ses tableaux paisibles, où l'âme s'attache avec les yeux ; c'est alors que la vue aime à se promener tranquillement sur un grand pays. Les masses d'arbres pénétrées de jour, sous lesquelles l'œil entrevoit une promenade agréable ; de vastes surfaces de prairies, dont le vert est encore adouci par les ombres transparentes du soir ; le cristal pur d'une eau calme dans lequel se réfléchissent les objets voisins; des fonds légers d'une forme douce et d'une couleur *vaporeuse* : tels sont, en général, les objets qui conviennent le mieux à l'exposition du soir. Il semble que, dans cet instant, le soleil prêt à quitter l'horizon, se plaise, avant son départ, à marier, pour ainsi dire, la terre avec le ciel ; aussi c'est au ciel qu'appartient la plus grande partie des tableaux du soir : car c'est alors que l'homme sensible aime à contempler cette variété infinie de nuances douces et touchantes, dont le ciel et les fonds du paysage s'embellissent en ce moment délicieux de paix et de recueillement.

Quant à ces beaux clairs de lune qu'on appelle en anglois LOVELY MOON, *lune amoureuse*, la tendre pâleur de cette lumière mystérieuse sied si bien aux objets aimables, que c'est aux femmes qu'est dévolue de droit l'ordonnance des tableaux faits pour un moment si doux.

Le sentiment (*), qui leur donne naturellement ce goût fin et délicat, que l'art a
souvent tant de peine à trouver, saura
leur inspirer mieux qu'à personne la disposition des *scènes* où doit régner principalement le caractère de l'amour et de la
volupté.

(*) Le sentiment consiste dans la manière de voir les
choses, comme les grâces dans la manière de les faire : c'est
pourquoi les femmes ont naturellement plus de goût et de
grâces, parce qu'elles ont plus de sensibilité dans les or-
ganes, et plus d'agrément dans les formes ; aussi, lorsqu'elles ne donnent pas à *corps perdu* dans la singerie des
modes et des manières, leur premier mouvement, dicté par
la nature, est presque toujours plus juste qu'une suite de
grands raisonnemens dictés souvent par l'intérêt, ou les pré-
jugés.

CHAPITRE XV.

Du pouvoir des Paysages sur nos sens, et par contre-coup sur notre âme.

L'ACTION des fluides sur les solides et la réaction des solides contre les fluides sont le *balancier* de l'univers, et tout accroissement physique et moral vient du rapport des objets entr'eux. Plus il y a de rapports connus, plus il y a d'*accroissement moral*, plus il y a d'industrie : voilà pourquoi il y a plus de différence de l'homme en société à l'homme brute, que de l'homme brute à l'animal ; voilà pourquoi, en multipliant à l'infini les rapports que chaque homme aperçoit avec les rapports aperçus par tous les hommes passés, présens ou futurs, L'IMPRIMERIE ne peut manquer d'étendre merveilleusement les connoissances humaines : elle met l'homme en société avec tous les siècles, et avec tous les pays.

C'est par l'émotion de l'attrait ou de la répugnance, que nos sens nous indiquent la convenance ou la disconvenance des objets avec nous. La corde, plus ou moins pincée, rend telle ou telle vibration ; ainsi, la fibre ébranlée plus ou moins fortement, ou plus ou moins souvent, fait raisonner en nous une idée, une réminiscence, un sentiment ou une douleur.

Puis donc que toute idée relative à l'ordre physique vient originairement des sens, jetons ensemble un coup d'œil, en passant, sur ces premiers instrumens de notre industrie : il est d'autant plus précieux de savoir les exercer, qu'ils peuvent servir à préparer les sentimens de notre âme, et à la mettre dans telle ou telle disposition ; car, nos sens étant les rapporteurs, et notre âme le juge, pour que le juge soit bien instruit, il est essentiel que les rapporteurs le soient d'abord. Le microscope a déjà tellement étendu l'organe de la vue : puisse également le flambeau de la raison et du goût, en éclairant nos idées sur nos vrais besoins et sur nos vrais plaisirs, nous faire apercevoir ces fils délicats, à l'extrémité desquels tiennent le bien-être et le bonheur !

Le toucher, ainsi que le goût, ne sont émus que par le contact immédiat de l'objet présent; l'odorat aspire à une certaine distance les vapeurs émanées de la transpiration des corps; l'ouïe est frappée de plus loin encore par l'impulsion de l'air ou de l'atmosphère agitée; mais la vue est de tous nos sens le plus subtil, et celui dont les perceptions sont les plus vives et les plus promptes, parce que c'est du fluide infiniment rapide de l'électricité ou de la lumière (*), qu'il les reçoit directement.

____

(*) Les courans d'éther, ou l'électricité, sont le principe de la flamme, et par conséquent de la lumière ; comme le frottement par l'interposition des milieux, ou la résistance

Les idées que la vue communique à notre âme dérivent toutes originairement des effets de la lumière, dont la réflexion nous a montré les objets sous des formes et des couleurs plus ou moins agréables ou désagréables. De là l'impression de la déplaisance et de la difformité ; de là ce charme si prompt à opérer sur nous et à nous prévenir favorablement, celui de LA BEAUTÉ : mais il est deux sortes de beautés dont l'attrait est bien différent : l'une est *la beauté de convention*, l'autre est la *beauté pittoresque* (*).

La première n'est qu'un assemblage de formes qu'on est convenu de trouver bel-

---

de tout solide contre le fluide qui le pénètre, ou qui en est réfléchi, est le principe de la chaleur : pour vous en convaincre, voyez les miroirs ardens et les fermentations chimiques.

(Note de l'éditeur, trop savante pour être de l'auteur.)

(*) Abstraction faite de toute convention ; dans l'exacte vérité, la vraie beauté est le symptôme extérieur de la bonté intérieure.

les ; ce qui fait que ce genre de beauté varie en différens temps comme en différens
lieux : fût-ce même un assemblage des
formes les plus parfaites, ce genre de
beauté ne consiste que dans la régularité
des contours et l'exactitude du trait ; ce
n'est qu'une belle effigie, ou la beauté immobile ; c'est celle que les gens froids des-
sinent avec une perfection glaciale, et que
les gens froids admirent avec de gros yeux
fixes.

> Ce qui plaît sans règle et sans art,
> Sans airs , sans apprêts, sans grimaces,
> Sans gêne, et comme par hasard ,
> Est l'ouvrage charmant des Grâces.

Telle est la beauté pittoresque; c'est la
beauté par excellence , parce que c'est la
beauté des grâces, la beauté animée, celle
qui donne du mouvement, de l'expression, du caractère et de la physionomie à
tous les objets : telle est celle que l'homme
de génie dessine, et que l'homme sensible
adore.

Si dans une situation d'une beauté pittoresque, où la nature développe sans gêne toutes ses grâces, au charme que les yeux éprouvent par l'effet d'un tel paysage, se joignent encore d'autres émotions qui opèrent en même temps sur le reste de nos sens, tels que l'odeur fraîche de l'herbe nouvelle, ou celle de la feuille printanière qu'épanouit l'électricité vivifiante d'une pluie chaude; tels que le touchant murmure des fontaines qui rajeunissent la verdure, ou les concerts amoureux des oiseaux du bocage; alors l'ouïe et l'odorat, moins prompts que la vue à saisir les objets, mais aussi moins distraits et plus profondément affectés, concourent puissamment à faire passer à notre âme une impression d'une volupté douce et touchante; et moins elle se trouvera isolée de cet effet intéressant, par des occasions de distraction, plus la situation et le paysage sera solitaire, et plus l'impression que recevra notre âme sera forte et profonde.

Ce sont ces fortes impressions qui ont créé la peinture et la poésie. L'homme sensible a voulu exprimer ce qu'il avoit senti; c'est dans de pareilles situations que la poésie pastorale a placé ces touchantes peintures du premier bonheur des hommes, et des vrais plaisirs de la vie champêtre. Aussi, lorsque nous rencontrons quelque retraite heureuse, où le *cordeau ni la taille* n'ont point encore pénétré, notre esprit est charmé de retrouver une image de ces descriptions qui lui ont fait tant de plaisir; la réminiscence y place aussitôt tous les attributs consacrés par les poëtes : ici, un temple champêtre dans le bois sacré; là, des urnes dans le bocage, des inscriptions sur les chênes, d'heureuses cabanes sous les vergers, des groupes de bestiaux dans les prairies, les concerts des bergers auprès des fontaines, et chaque bachelette au gentil corsage y paroît une nymphe.

Tel est le paysage poétique, soit que la

nature nous le présente dans quelqu'endroit échappé à la destruction générale, soit qu'il ait été reproduit par l'homme de goût.

Mais si la situation *pittoresque* enchante les yeux, si la situation poétique intéresse l'esprit et la mémoire en nous retraçant les scènes arcadiennes; si l'une et l'autre compositions peuvent être formées par le peintre et le poëte, il est une autre situation que la nature seule peut offrir: c'est la situation *romantique* (*). Au milieu des plus merveilleux objets de la nature, une telle situation rassemble tous les plus beaux effets de la perspective pittoresque, et toutes les douceurs de la scène poétique; sans être farouche ni sauvage, la situation *romantique* doit être tranquille et solitaire,

---

(*) J'ai préféré le mot anglois, *romantique*, à notre mot françois, romanesque, parce que celui-ci désigne plus spécialement la fable du roman, et que l'autre désigne particulièrement le site de la scène, et l'impression touchante que nous en recevons.

afin que l'âme n'y éprouve aucune distraction, et puisse s'y livrer toute entière à la douceur d'un sentiment profond.

A travers les ombrages noirâtres des sapins et les amphithéâtres de rochers, la rivière limpide descend de cascades en cascades, jusque dans la vallée tranquille ; c'est là qu'elle semble s'étendre avec plaisir, pour former un lac entre la chaîne des rochers majestueux, dont les intervalles laissent apercevoir dans le lointain ces respectables montagnes, dont les cimes couvertes de glaces et de neiges éternelles ressemblent, à cette distance, à d'énormes masses d'agate et d'albâtre, qui réfléchissent, comme autant de prismes, toutes les couleurs de la lumière. Les eaux du lac sont d'une couleur bleu-céleste tel que l'azur du plus beau jour, et transparentes comme le cristal le plus pur ; l'œil y peut suivre jusqu'au fond les jeux de la truite sur des marbres de toutes les couleurs. Une île s'élève au milieu des eaux, comme pour servir de théâtre aux plaisirs champêtres; cette île charmante est entremêlée de vignes et de prairies, et de distance en distance, des ombrages variés y forment d'agréables bocages; la vache y pâture la fraise qui rougit la pelouse; d'heureux époux, que l'intérêt n'a point unis, y sont assis sur l'herbe tendre, au milieu de tous leurs enfans; c'est là qu'ils font un souper délicieux avec la crême qui a la saveur de la fraise, et la couleur de la rose. Plus loin, au clair de la lune argentée, l'eau du lac frémit sous la barque légère qui porte les jeunes filles du voisin hameau; un corset blanc marque leurs tailles bien proportionnées, de longues tresses flottent sur leurs épaules, un joli chapeau de paille, orné des plus belles fleurs de la saison, est la parure d'un visage riant où brillent l'éclat de la santé et la sérénité de l'innocence; leurs voix sonores n'eurent jamais de maîtres que les oiseaux, et la consonnance de l'harmonie naturelle; et les échos de ces cantons, qui ne connurent jamais les charivaris de la musique chromatique, n'y répètent que les airs de la gaîté, les chants de la nature, et les sons naïfs du hautbois.

La rivière, en sortant du lac, s'enfonce dans un vallon resserré et profond; de hautes montagnes, et des rochers sourcilleux, semblent séparer cet asile du reste de l'univers. Les cîmes en sont couronnées de sapins où ne toucha jamais la coignée; sur les pelouses de thym et de serpolet, des chèvres blanches s'élancent gaîment de rochers en rochers; leur sécurité, dans un lieu aussi désert, rassure sur la crainte des animaux farouches, et bannit la pensée d'un abandon total, en annonçant le voisinage d'une habitation tranquille. Après quelques chutes précipitées par l'opposition des rochers qui se croisent sur son cours, la rivière trouve enfin dans ce vallon étroit un petit espace, où ses eaux écumantes et contrariées peuvent jouir d'un moment de repos. Un bois de chênes-verts antiques s'avance sur les rives adoucies : sous leur ombrage mystérieux est un tapis d'une mousse fine. Les eaux limpides et peu profondes s'entremêlent avec les tiges tortueuses, et leurs ondes, qui se jouent sur un gravier de toutes les couleurs, invitent à s'y rafraîchir ; les simples aromatiques, les herbes salutaires, et la résine des pins odorans, y parfument l'air d'une odeur balsamique qui dilate les poumons. A l'extrémité du bois de chênes, à travers un verger dont les arbres sont entortillés de vignes et chargés de fruits de toutes espèces, on entrevoit une cabane ; son toit de chaume y met à l'abri, sous une grande saillie, tous les ustensiles du ménage rustique. La cabane est formée de planches de sapin assemblées par son maître : au lieu d'ordres d'architecture, une treille en forme le péristyle et les portiques ; mais l'intérieur en est plus propre que le palais du prince. Si les mets n'y sont pas apprêtés avec les poisons de l'Inde , ils y sont d'une qualité exquise et d'un goût pur et salutaire : cette retraite fut trouvée par l'amour ; elle est habitée par le bonheur.

C'est dans de semblables situations que l'on éprouve toute la force de cette analogie entre les charmes physiques et les impressions morales. On se plaît à y rêver de cette rêverie si douce , besoin pressant pour celui qui connoît la valeur des choses et les sentimens tendres; on voudroit y rester toujours, parce que le cœur y sent toute la vérité et l'énergie de la nature.

Tel est, à peu près, le genre des situations *romantiques ;* mais on n'en trouve guère de cette espèce que dans le sein de ces superbes remparts que la nature semble avoir élevés, pour offrir encore à l'homme des asiles de paix et de liberté.

CHAPITRE XVI.

Résultat sommaire de ce qui précède.

SI donc vous voulez que votre jardin paroisse grand et naturel dans son ensemble, et varié dans ses détails, ayez le plus grand soin de le lier partout avec le pays.

Pour cet effet, votre composition, soit en plantations, fabriques, clairières ou cultures, doit toujours y former le devant des tableaux dont le pays adjacent vous offrira les fonds et les lointains.

Il n'y a que le cas où votre local consisteroit uniquement dans un vallon étroit, resserré par des montagnes, ou renfermé par des bois, que vous serez alors obligé de composer votre tableau d'ensemble sur vous-même ; mais encore faudroit-il en disposer la composition de manière à ce que, d'un côté ou d'un autre, l'imagination pût se figurer un lointain perdu dans la sinuosité des montagnes, ou dans la profondeur des bois.

CHAPITRE DERNIÉR.

*Des moyens de réunir l'agréable à l'u-
tile, relativement à l'arrangement
général des Campagnes ; but principal de tout cet ouvrage.*

LE système général de la nature semble
tellement consister dans l'unité de principe et l'union des rapports, que toute désu-
nion tend nécessairement à une destruction particulière. Dans l'ordre de la végétation, l'agréable qui consiste dans la perfection de tous les rapports avec les formes
convenables à chaque objet, est si nécessaire à l'accroissement, et par conséquent à
l'utile, qu'il est impossible d'altérer l'un
sans nuire essentiellement à l'autre.

Or, c'est surtout dans une florissante
végétation que consiste le principal agrément d'un paysage autour d'une habita-

tion ; et, comme je l'ai déjà dit tant de fois, si l'on veut se procurer une véritable jouissance, il faut toujours chercher les moyens les plus simples, et les agrémens les plus conformes à la nature, parce qu'il n'y a que ceux-là de véritables, et dont l'effet soit sûr à la longue.

La substitution de *l'arrangement le plus naturel à l'arrangement le plus forcé*, doit donc, en ramenant enfin les hommes au vrai goût de la belle nature, contribuer bientôt à l'accroissement de la végétation ; et par conséquent aux progrès de l'agriculture, à la multiplication des bestiaux, mais surtout à un arrangement plus salutaire et plus humain dans les campagnes, en assurant la subsistance des bras, qui nourrissent les têtes dont les occupations réfléchies doivent servir à défendre, ou à instruire le corps de la société.

L'homme de bien, rendu à un air plus pur, et ramené dans les campagnes par les véritables jouissances de la nature, sentira bientôt que la souffrance de ses semblables est le spectacle le plus douloureux pour l'humanité ; s'il commence par des paysages *pittoresques* qui charment les yeux, il cherchera bientôt à former des paysages *philosophiques* qui charment l'âme; car le spectacle le plus doux et le plus touchant est celui d'une aisance et d'un contentement universel.

Je dois exposer, à cet égard, quelques idées qui sont le résultat de plusieurs années d'observations sur l'économie rurale, tant en France que dans différens pays de l'Europe : puisse ce peu de lignes seconder, un jour, l'intention qui les a dictées !

Le premier cultivateur établit sans doute son domicile au milieu de son champ; cette disposition est la seule convenable à l'ordre primitif de la culture; elle épargne le temps, les courses, les transports inutiles; et, mettant les travaux et la conservation des produits plus à portée de l'habitation, elle n'oblige pas, pour réparer le temps perdu, à chercher un secours de vitesse dans des animaux, dont l'acquisition et la nourriture sont plus chères, et dont la consommation est en pure perte.

L'amélioration du champ augmente nécessairement de plus en plus par la présence continuelle du maître. Sa vigilance est sans cesse excitée par la vue de son terrain, et n'est jamais distraite par la proximité des occasions de dérangement; cette disposition conduit nécessairement à varier la culture, en la partageant en différens enclos, dont les haies servent en même temps d'abri contre les vents destructeurs : ces enclos donnent la facilité de mettre en valeur les jachères, en y préparant des nourritures, qui servent tout à la fois pour ameublir la terre, et pour élever partout sans soins et sans peines, tant de bestiaux qu'on égorge, presqu'en pure perte, au moment de leur naissance. La multiplica-

tion des bestiaux augmenteroit nécessairement la fertilité des terres, par la multiplication des engrais. Enfin, en diminuant
d'un côté les travaux, les fatigues, les
charrois, et les dépenses en pure perte, et
multipliant de l'autre les produits par
l'emploi des jachères, la vigilance du maître, l'augmentation des bestiaux, et la plus
grande quantité des engrais, il est clair,
dans le principe, que l'établissement du
cultivateur au milieu de son champ procure nécessairement l'amélioration des terres, le bénéfice du laboureur, et par conséquent celui de la société.

Dans l'exemple : Les stériles Apen-
nins fertilisés en Toscane, les plus beaux
jardins de la nature formés dans les terribles Alpes jusqu'au pied des neiges et des
glaces éternelles, et les progrès rapides de
l'agriculture, depuis un demi-siècle, dans
le terrain graveleux de l'Angleterre, dé-
montrent assez les avantages de cette disposition.

Mais pour rappeler les terres éparses, et subdivisées à l'infini, à la réunion nécessaire à cet établissement des cultivateurs au milieu de leur champ, établissement dont l'avantage est si important pour l'intérêt général et particulier, il s'élèvera d'abord un fantôme qu'il faut commencer par écarter; c'est celui de la fantaisie de quelques particuliers, déguisée sous le nom pompeux de *liberté*. Il y a si long-temps qu'on abuse de ce mot, et qu'on le confond avec le caprice et la licence, qu'il ne sera pas hors de propos de le définir une bonne fois.

Faire ce qu'on peut, c'est la liberté naturelle; *faire ce qu'on veut*, c'est le caprice ou le despotisme; *faire ce qui nuit aux autres*, c'est la licence; *faire ce qu'on doit*, telle est la liberté civile, la seule convenable dans l'ordre social. Or, qui fixe le devoir de l'homme en société ? la loi. Qui fait la loi ? le souverain démocratique, aristocratique, monarchique ou mixte, suivant les différentes constitutions du gouvernement. Quel doit être le but de toute loi juste? c'est celui de procurer l'avantage général auquel tout individu, à plus forte raison, tout propriétaire est intéressé à concourir. Pourquoi cela? parce que la condition essentielle de la société, c'est le sacrifice que chaque individu fait d'une portion de son intérêt à la volonté générale; sacrifice pour lequel il reçoit, en échange, la protection de la force générale pour la défense de sa possession, du fruit de son travail et de sa sécurité personnelle. Telle est la condition expresse du *contrat de société*, dans lequel l'observation de la loi est le plus grand intérêt de chaque individu, puisque sa vie, sa subsistance, et tout ce qu'il possède en dépend. C'est pourquoi la lettre de la loi doit être précise et sacrée; car, autrement, la société n'est plus un *contrat*, c'est une *chicane*. Mais lorsque l'utilité générale demande que la loi soit réformée

ou augmentée (en observant scrupuleuse-
ment toutes les formes qu'exige chaque
espèce de gouvernement), si la fantaisie
négative, si le *liberum veto* d'un particulier peut mettre une entrave au bien général, ce n'est plus une *société*, c'est une
anarchie.

Tels sont les principes : voici l'exemple
appliqué à la circonstance dont il s'agit.

En Angleterre, où l'on pouvoit se pi-
quer, au commencement de ce siècle, d'ê-
tre aussi libre qu'ailleurs, on a bien senti
que, pour procurer la réunion des terres
par la voie des échanges respectifs, il n'é-
toit pas possible de laisser un champ libre à
la fantaisie particulière. On a donc été obligé d'ordonner ces échanges respectifs, et
d'en déterminer la forme par une loi. Cette
réunion des terres, qu'on appelle en Angleterre le *compact,* y a été établie successivement, depuis cinquante ans, dans les provinces différentes, par actes du parlement,
en prescrivant, d'une manière fixe et léga-

le, entre les propriétaires sur le même territoire, la sorte d'échanges qu'on voit, ici, les gros fermiers faire souvent entr'eux, pendant le temps de leurs baux, pour la commodité de leurs labours; ce qui, sans offrir aucun des avantages d'un arrangement durable, soit pour la clôture, soit pour une amélioration suivie, ne sert bien souvent qu'à occasionner beaucoup de discussions, en jetant du trouble et de la confusion dans les propriétés à l'expiration des baux. Par les mêmes actes du parlement, des commissaires ont été établis dans les différens districts, pour régler, entre les propriétaires, la plus value d'un terrain sur l'autre dans les échanges respectifs. Mais il faudroit éviter soigneusement cet établissement de commissaires, qui, par la stabilité de leur place, leur fonction indépendante du choix des parties, et l'arbitraire de leurs vacations, ont été à portée de se permettre beaucoup d'abus. C'est aux parties elles-mêmes que doit appartenir le choix de leurs arbitres; quels que soient ces arbitres, leurs vacations doivent être irrévocablement fixées, à raison de *tant par arpent;* et tous les frais de l'échange doivent toujours être à la charge de celui qui le requiert, parce qu'il est juste que chacun paie sa convenance, comme il seroit juste aussi que le choix du lot contigu à son domicile fût dévolu au domicilié, de préférence à l'étranger. Tels seroient, à peu près, les principaux moyens d'éviter tous les abus de la partialité et de *l'arbitraire,* et de faire en sorte qu'une loi, qui rempliroit le principal objet de la législation, celui de l'avantage général, ne pût nuire à personne en particulier (*).

Cette contiguïté une fois établie, combien d'avantages il en résulteroit nécessai-

---

(*) Il est aisé de sentir que lorsque les terres contiguës reviendroient à se subdiviser de nouveau par l'effet des partages, elles pourroient toujours se réunir par le même moyen; et que si l'étendue trop considérable d'un grand domaine ne permettoit pas de le rassembler autour d'un seul

rement pour l'agriculture ! Le laboureur
ne perdroit plus la moitié de son temps à
courir d'une charrue à l'autre : l'exemple
des jardins maraîchers, et celui des jardins
de paysans, où le sol, quoique bien souvent de la plus mauvaise nature dans son
principe, est si prodigieusement fertilisé
par la présence du maître et la proximité
de l'habitation, qu'à peine la récolte faite
d'une production, on y en substitue une
autre; l'avantage immense de n'avoir point
de jachères, et de fertiliser de plus en plus
la terre par la variété des cultures; la facilité de se procurer des fruits, des légumes,
du laitage, et celle d'élever et de nourrir
sans soin des bestiaux qui amélioreroient de
plus en plus les engrais; en un mot, toutes
sortes de considérations réunies condui-
roient bientôt les cultivateurs à subdiviser

---

corps de ferme, on pourroit au moins, par ce moyen, le
réunir en *grandes pièces*, ce qui seroit toujours bien plus
avantageux à la culture, que la dispersion des terres en *petites pièces*.

tous leurs champs en différens enclos ; arrangement sans lequel il est impossible d'a-
méliorer la culture, et de multiplier les bestiaux (*).

Les pâtures communes, réunies également par la voie de l'échange, pourroient
se trouver alors au milieu des villages, ou
du moins contiguës ; ce vaste espace y contribueroit beaucoup à la salubrité, en laissant un libre passage à l'air purificateur.
En entourant d'arbres et de barrières ces

(*) De là vient que l'Angleterre , avec beaucoup moins
de terrain que la France, outre sa propre consommation qui
est considérable à cet égard , fournit encore des chevaux ,
des cuirs et des laines à toute l'Europe; de là vient aussi
la facilité que donnent les enclos d'y laisser coucher les
bestiaux , et d'y faire sous les yeux du maître des meules de
fourrages et de grains, construites de manière qu'ils s'y con-
servent mieux à l'abri de la moisissure et des animaux ron-
geurs , que dans ces granges si dispendieuses ; cela épargne
les frais énormes des trois quarts des bâtimens de nos grosses
fermes , qui sont la ruine des propriétaires , par la dépense
de leurs constructions , de leur entretien , et les accidens
d'incendie de toute espèce auxquels elles sont si sujettes.

pâtures communes, ce seroit en même temps une place d'agrément pour la promenade et les jeux du village; les habitans n'auroient qu'à ouvrir la porte de leurs maisons, pour y laisser en liberté leurs bestiaux, sans avoir besoin ni de pâtres, ni de chiens pour les garder et les tourmenter. La pauvre mère de famille, en filant sur le pas de sa porte, auroit du moins la consolation de voir jouer ses plus jeunes enfans autour d'elle, tandis que sa vache, son unique possession, pâtureroit tranquillement sur un beau tapis de verdure qui lui appartiendroit; cette vue de sa propriété l'attacheroit à son pays, et lui feroit trouver plus pur l'air qu'elle y respire. Ces sortes de *places*, même en Angleterre, sont le plus agréable de tous les *jardins anglais* ; jusqu'aux animaux, tout y paroît content.

Venons à présent au point essentiel : cette juste balance du prix des grains avec l'intérêt du commerce de l'état, l'intérêt

des propriétaires et la subsistance des manouvriers.

Le commerce des produits de l'agriculture importe-t-il plus à un état fertile, que
celui des manufactures ? Sully soutint le
premier système ; Colbert le second. Si le
commerce des manufactures est jugé pré-
férable, le prix des subsistances doit être
médiocre, afin que celui de la main-d'œuvre étant plus bas, les produits des manufactures puissent être vendus à meilleur
marché, pour obtenir la préférence dans le
commerce avec l'étranger ; bien entendu
qu'il n'est ici question que du commerce des
grosses fabriques. Le prix des marchandises de luxe et de goût n'est déterminé que
par la mode et la fantaisie ; à cet égard, la
France n'a point de rivaux ; le prix de la
matière et les journées des ouvriers ap-
portent une si légère différence dans les
marchandises de cette espèce de commerce, que rien n'en peut interrompre le cours
au détriment de la France.

Si, au contraire, le commerce des produits de l'agriculture est jugé le plus convenable, il faut bien tâcher d'augmenter la valeur de ces produits par la liberté de *leur vente*, afin que la somme résultant de ce commerce augmente la masse de la richesse de l'état; mais, en même temps, il faut que la subsistance des manouvriers soit établie de la manière la plus assurée.

La justice oblige de convenir *que la suppression d'un régime qui venoit de donner lieu à des abus cruels, et la destruction de toute espèce d'entraves dans le commerce le plus important à l'humanité*, étoient les premières idées qui devoient naturellement se présenter à un homme droit et intègre. Ce système étoit entièrement dicté par la bienfaisance et l'équité; il promettoit aux provinces stériles des ressources plus aisées dans le superflu des provinces fertiles; et ne portant aucune atteinte à la propriété des cultivateurs, propriété la plus sacrée de toutes, puisqu'elle est le fruit du travail, ce système sembloit devoir en même temps modérer le prix des subsistances, tant par la diminution des frais de transport, que par la facilité des achats et des ventes en tout temps et en tout lieu, et surtout par l'effet de la concurrence, qui est la suite ordinaire d'un commerce libre.

L'exception, à l'égard du commerce des subsistances, étoit si imperceptible, qu'elle a dû échapper facilement à l'enthousiasme d'un sentiment profond, et toujours respectable, de justice et d'humanité. Or, cette exception, c'est que, lorsque la subsistance est chère, il y a *moins de travaux et plus de besoins* ; car le *commerce des travaux* est précisément en raison inverse de *celui des subsistances*. Dans le premier, trop de vendeurs, trop peu d'acheteurs; de là le rabais du prix de la journée : dans le second, trop d'acheteurs, trop peu de vendeurs ; de là le monopole de la vente des subsistances. Le salaire de la journée dépendra donc toujours de celui qui emploie des journaliers, tant qu'il y aura une aussi prodigieuse disproportion entre le petit nombre de ceux qui ont des grains à vendre, et la multitude énorme de ceux qui sont obligés d'en acheter.

C'est donc à la source de cette prodigieuse disproportion qu'il faut remonter, comme étant la cause de la situation misérable dans laquelle gémit la partie la plus nombreuse des habitans de nos campagnes. Or, cette cause, j'ai pensé l'avoir trouvée, et je la dis, parce que rien n'est plus intéressant que de prévenir la souffrance, et de procurer le bonheur.

La plupart des terres se sont réunies successivement en grands domaines; mais la difficulté que la dispersion des terres apporte à la culture, a conduit nécessairement à les affermer en bloc. Tel est peut-être, depuis si long-temps, ce principe sourd du combat perpétuel entre la *loi de nature* ou *de subsistance*, et la *loi civile* ou *de propriété*. Telle est peut-être la principale cause qui *comprime*, sans cesse, entre la cruelle nécessité d'exposer aux horreurs de la faim le nombre trop considérable des journaliers qui sont obligés d'acheter leur subsistance, ou de donner atteinte à la propriété résultante du travail, et à la liberté du genre de commerce qui peut devenir le plus important pour tout état où le sol est fertile.

En effet, la distribution de nos terres est sans doute la plus opposée à la nature: distribution éparpillée en petites pièces, d'une part, pour la plus grande difficulté de la culture; et réunie, de l'autre, en grosses fermes, pour la plus grande facilité du monopole. C'est de là que dérive ce conflit inévitable d'intérêts diamétralement opposés entre les propriétaires et les cultivateurs, et ceux qui n'ont ni propriété, ni culture, puisque l'intérêt constant des premiers est de vendre cher, tandis que l'intérêt des seconds est d'acheter à bon marché.

J'ai pensé ensuite, que comme il ne seroit pas d'une bonne politique dans un état agricole de chercher à produire le rabais des productions, puisque ce seroit diminuer le produit de son commerce principal, il falloit donc chercher à intéresser la plus nombreuse partie de la population, celle qui travaille et qui souffre le plus, à la plus grande cherté des fruits de l'agriculture, en leur en donnant à revendre.

Pour cet effet, ne seroit-il pas à propos et de toute justice que la même loi qui, en établissant la contiguité des terres, procureroit tant d'avantages aux propriétaires, assurât en même temps la subsistance de tout le monde? Cette même loi, qui rétabliroit la contiguité par la voie des échanges légaux, ne pourroit-elle pas astreindre en même temps les propriétaires, à défaut de faire valoir eux-mêmes leurs terres, à

les affermer en détail? Et, lorsqu'ils ver-
roient nécessairement les frais de la culture
diminuer, et les produits augmenter par
l'effet de la réunion de leurs propriétés,
j'ai trop bonne opinion de mes compatrio-
tes, pour imaginer qu'il en fût aucun qui
pût avoir l'inhumanité de se plaindre, si la
même loi qui auroit tiercé son revenu (*),
en réunissant son terrain, cherchoit en même temps à garantir ses concitoyens des
horreurs de la nécessité; et si, pour assurer
une répartition plus égale des fruits de la
terre, en en distribuant la culture à un
plus grand nombre de familles, elle pri-
voit seulement tous les propriétaires (à
défaut de faire valoir par eux-mêmes),
du droit rigoureux de contrainte, pour
les fermages qui seroient au-dessus d'une
redevance de cinq cents livres, ou de vingt

(*) L'emploi seul des jachères tierceroit le produit, sans
compter la diminution de la dépense et de la perte du temps ,
occasionnées par l'éloignement des cultures.

sacs de froment. La location des terres en petite culture peut s'opérer de tant de manières; soit à tiers franc si le laboureur a fait les avances, comme en bien des endroits en France; soit à moitié de produit, lorsque le maître a fait les avances de la semence et des instrumens d'agriculture, comme en Toscane; soit en affermant une certaine quantité de terres à chaque famille du village, comme en Prusse; soit en baux à rentes foncières, etc.: et toutes ces différentes locations peuvent se stipuler, soit en nature, soit en argent, suivant la volonté du maître, qui auroit toujours pour sûreté de ses fermages la récolte et la faculté de renvoyer ses locataires faute de paiement, ou pour cause de mauvaise exploitation. Toutes ces différentes perceptions peuvent facilement se rassembler, même dans les plus grands domaines, par le moyen d'un receveur qui, moyennant une modique remise, s'engagera toujours à faire bon des deniers à certaines échéances; et, très-assurément, cette dépense fixe sera toujours bien au-dessous des frais de construction, des risques, et des entretiens des gros corps de ferme, suivant les *mémoires d'un concierge.*

L'effet de cette disposition seroit sans doute de se rapprocher dans l'ordre civil, autant qu'il est possible, de l'ordre naturel, par une plus grande facilité dans la culture, et par une plus égale distribution des fruits de la terre. Alors plus il y auroit de cultivateurs, moins il y auroit de journaliers, le prix de leurs journées augmenteroit donc nécessairement par la diminution de leur nombre. Plus il y auroit de cultivateurs, plus il y auroit de concurrence, par conséquent moins de monopole; le véritable prix des denrées, comparativement à leur rareté, ou à leur abondance effective, se rétabliroit donc nécessairement par l'augmentation du nombre de vendeurs moins opulens, et la diminution d'acheteurs moins indigens. D'ailleurs les habitans des campagnes garderoient d'abord leur propre subsistance, et se trouveroient intéressés à la plus grande valeur de leur excédent ; c'est alors que la liberté du commerce des grains pourroit s'établir sans la résistance de cette loi antérieure à toute argumentation, et à toute convention humaine : la NÉCESSITÉ QUE TOUT CE QUI RESPIRE SOIT NOURRI.

Bientôt la commodité de la réunion des terres, le genre des *jardins paysages*, le goût des véritables jouissances de la nature, des plaisirs purs, exempts de regrets, et le spectacle de campagnes heureuses, ne manqueroient pas d'y ramener cette classe de citoyens, dont l'absence les épuise, et dont la présence les soutiendroit. Bientôt on verroit des hommes éclairés ne pas dédaigner de mettre la main à la charrue, et par la réunion de plus de moyens, et le fruit de leurs expériences raisonnées, ils ne pourroient manquer d'étendre infiniment les progrès de l'agriculture, ce premier et cet unique fondement de la population, de tout commerce certain, et de toute puissance solide et durable (*).

Les habitations des cultivateurs heureux et tranquilles s'éleveroient bientôt au milieu de-toutes leurs cultures réunies et

(*) S'il arrivoit un temps, et peut-être n'est-il pas éloigné, où toutes les nations européennes se trouvassent réduites à leur valeur intrinsèque, où le commerce cessant d'être *meurtrier*, ne fût plus qu'un objet de société et d'échanges entre les hommes, que d'avantages alors pour la nation agricole, dans laquelle on auroit eu d'avance la sagesse de préparer l'amélioration et le commerce des cultures, tant par la disposition du terrain, pour la plus grande facilité de l'agriculture, que par la répartition d'un impôt simple et précis, dont le tarif seroit établi sur la base égale de l'évaluation des capitaux, suivant le dernier contrat d'acquisition et l'évaluation fixe du prix de leur revenu à trois pour cent du capital. Cette base précise seroit bien plus simple, plus facile et plus juste que tous les cadastres ; car le seul abus, dont elle pût être susceptible, seroit une dissimulation dans le contrat de vente de son véritable prix, et cet abus seroit bien facile à prévenir par le rétablissement du retrait lignager. Il me semble que ce n'est qu'ainsi que l'on pourroit assurer au cultivateur, au-dessus du rentier qui ne fait rien, un bénéfice toujours proportionné à son travail, et le met-

contiguës. Leurs *champs* leur deviendroient par là aussi faciles à cultiver que
leurs *jardins ;* les troupeaux de toute
espèce, tranquilles et sans gardiens, se
multiplieroient et s'engraisseroient dans
les enclos sous les yeux du maître. Et,
dans le fait, pourroit-il exister un séjour
plus agréable, plus convenable à l'homme
sage, que celui d'une maison d'un genre
simple et rural au milieu d'un paysage
doux et tranquille? Un simple petit chemin à travers les haies et les ombrages
des enclos, pourroit conduire successivement à jouir d'une manière intéressante
et variée, tantôt des différens aspects du
paysage, tantôt du spectacle toujours

---

troit, ainsi que le rentier, à l'abri des chicanes fiscales ac-
cumulées sur les campagnes, où l'industrie se trouvera toujours étouffée, tant qu'elles seront exposées à la crainte et
aux tourmens de l'*arbitraire ;* car, assurément, il est bien
juste que celui qui travaille toute la journée puisse dormir
aussi tranquille que celui qui ne fait rien, et c'est alors que
se réalisera cet adage si essentiel pour la propriété d'un état :
Tant vaut l'homme, tant vaut la terre.

animé de la *culture des champs*. Ce seroit alors qu'en s'épargnant les maladies, l'ennui, les dépenses inutiles, la perte de tant de terrain dans de vastes et tristes parcs, et surtout en écartant la misère, et ramenant le bonheur, on auroit véritablement mérité le prix, en joignant l'agréable à l'utile. Peut-être, à force d'avoir épuisé toutes les folies, arrivera-t-il un jour où les hommes seront assez sages pour préférer les vrais plaisirs de la nature à la chimère et à la vanité. *Ainsi soit-il.*

F I N.